现代服装设计与工程专业系列教材

服装设备及其运用

（第二版）

主　编　汪建英

副主编　李修德　丁　林

ZHEJIANG UNIVERSITY PRESS
浙江大学出版社

内容提要

本书以工业化服装生产流程为主线,对生产服装所需的设备作系统的讲解,着重阐述设备的特性、作用、工作原理及在生产工艺上的运用,为从事服装行业的读者能根据产品工艺合理的选用设备提供有效的帮助;对常用典型设备的机构组成、传动原理与保养、维修作进一步的分析,为读者深入了解各种服装设备奠定良好的基础。

本书从运用的角度出发,集多年的企业经验和教学体会,力求阐述得通俗易懂,适合作为大中专院校服装专业的教材,也可供服装企业技术及管理人员参考。

图书在版编目(CIP)数据

服装设备及其运用 / 汪建英主编. —杭州:浙江大学
出版社,2006.10(2021.7重印)
(现代服装设计与工程专业系列教材)
ISBN 978-7-308-04924-5

Ⅰ.服… Ⅱ.汪… Ⅲ.服装工业-设备-高等学
校-教材 Ⅳ.TS941.56

中国版本图书馆 CIP 数据核字(2006)第 109550 号

服装设备及其运用(第二版)

主编 汪建英

丛书策划	樊晓燕	
封面设计	续设计	
责任编辑	王 波	
出版发行	浙江大学出版社	
	(杭州市天目山路 148 号 邮政编码 310007)	
	(网址:http://www.zjupress.com)	
排 版	杭州好友排版工作室	
印 刷	广东虎彩云印刷有限公司绍兴分公司	
开 本	787mm×1092mm 1/16	
印 张	15.25	
字 数	365 千	
版 印 次	2013 年 8 月第 2 版 2021 年 7 月第 7 次印刷	
书 号	ISBN 978-7-308-04924-5	
定 价	42.00 元	

现代服装设计与工程专业系列教材

现代服装设计与工程专业系列教材

编委会

序

  我国的服装业源于外贸加工,由加工型企业发展起来了一大批大众品牌,目前正在由大众品牌阶段向设计品牌时代过渡,也正力图实现从世界服装生产大国向世界服装强国的转变。改革开放以来,服装产业的快速发展得到了我国各级政府的充分重视,发展环境不断优化,产业集群和大量服装园区的形成与发展,确立了中国服装业在全球的战略地位。但是我国服装产业长期以来依靠低价格及数量取胜,尽管在面料、加工技术方面我国与国际先进水平的差距已经很小,而产品的附加值和科技含量与发达国家相比仍存在很大差距。创国际品牌、提高产品附加值涉及我国服装业的整体发展水平、设计研发能力等,需要深厚的人文底蕴和历史沉淀,更需要大量高素质的专门人才。

  中国的高等服装教育源于20世纪80年代初,只有20余年的历史,尽管已经培养了一批为服装行业服务的优秀人才,但行业的发展与进步更需要有一批能适应行业进步与发展的人才。如何按照行业的发展与学科建设的需求来培养人才,是我们一直在追求的目标。

  浙江省是我国服装制造业的重要基地,所拥有的服装"双百强企业"数位居全国首位。目前行业的发展现状是:截至2004年末,全省服装行业销售收入500万元以上企业计2423家,从业人员58.58万人。2004年完成服装生产总量24.66亿件,占全国同行业生产总量的20.85%,产量继续保持全国第二位;实现利润47.93亿元,占全国同行业利润总额的31.43%;上缴利税27.26亿元,占全国同行业的25.73%。近年来,浙江服装产业发展迅速,在国内的影响越来越大,已经形成了一批有影响的服装企业和服装品牌。浙江的服装业在经历了群体化、规模化、集约化、系列化的发展历程之后,产品创新求变、生产配套成龙,初步形成了以名牌西服、衬衫、童装、女装为龙头,以男装生产为主,内衣、休闲装、职业服装、羊绒服装、西裤等配套发展的服装产业格局。在空间布局上,已经逐渐显现出区域性发展的脉络,众多区域性品牌凸显,形成以杭、宁、温、绍、海宁为首,化纤及面料、领带、袜业、纺织服装机械等相关行业区际分工配套的多中心网状格局。应该说,浙江省具有优良的服装产业背景,正在打造国际先进服装制造业基地,发展势态呈现出持续发展的良好趋势。

浙江省有中国最早开设服装专业之一的浙江理工大学（前浙江丝绸工学院）等院校，是培养服装设计师、服装工程师的摇篮。浙江理工大学服装学院经过多年的探索与实践，提出了艺术设计与工程技术相结合、创意设计与产品设计相结合、校内教学与社会实践相结合的服装专业教学思路，形成了自己的鲜明特色。2001年获浙江省教学成果一等奖、国家级教学成果二等奖。服装设计与工程专业被列入浙江省重点建设专业，所属学科是浙江省惟一的重点学科并具有硕士点和硕士学位授予权。为服装行业培养了一大批优秀的适用人才，声誉卓著，社会影响力巨大。

这次由浙江大学出版社和浙江省纺织工程学会服装专业委员会共同组织浙江理工大学、中国美术学院等具有服装专业的相关院校编著"现代服装设计与工程专业系列教材"，依托浙江省重点建设专业和重点学科，旨在进一步为中国的高等服装教育及现代服装产业的发展与繁荣作出更大的贡献。参加教材编著的成员是浙江省各院校的骨干教师，多年来一直与服装产业紧密结合，既具有服装产业的实际工作经历，又有丰富的服装理论教学经验。我相信这套系列教材的出版，一定会有助于中国现代高等服装教育的发展，为培养服装行业发展需求与适应21世纪要求的高素质的专门人才服务，同时为我国服装产业的提升与技术进步及增强国际竞争力作出应有的积极贡献。

浙江省重点学科"服装设计与工程"带头人
浙江省重点建设专业"服装设计与工程"负责人
浙江省纺织工程学会服装专业委员会主任委员

邹奉元教授
2005年8月

前　言

　　服装机械设备是服装生产必不可少的条件,是提高产品质量和生产效率的有力保证,离开设备,也就谈不上工业化生产。随着服装业的发展和科技进步,服装生产设备的品种越来越多,自动化程度越来越高。为了能更好地运用设备,我们需要具备一定的专业知识。

　　设备与生产工艺、生产质量、生产效率有着密切的关系,因此服装设备及其运用的知识越来越受到业内人士的关注。本书根据服装生产流程对生产服装所需的主要设备作系统的讲解,着重阐述设备的特性、作用、工作原理及在生产工艺上的运用,为服装工程与设计专业的学生以及从事服装行业的读者,能根据产品工艺合理的选用设备提供有效的帮助。对于服装机械设备中的机构原理及故障处理部分根据设备使用的广泛度分详略讲解,起到以点带面的作用,以满足课程的教学要求。

　　本书从运用设备的角度出发,集多年的企业经验和教学体会,力求阐述得通俗易懂,使初学者易于接受,适合作为大中专院校服装专业的教材,也可供服装企业技术及管理人员参考。

　　本书共七章,第一章、第二章(第一、二节)由浙江理工大学汪建英编写;第二章(第三、四节)由浙江理工大学罗莎编写;第三章(除第二节七外)由浙江纺织服装职业技术学院林彬编写;第三章(第二节七)由浙江理工大学罗莎编写;第四章由杭州职业技术学院丁林编写;第五章(第一节;第二节一、二;第三节;第四节一;第十节)由浙江理工大学汪建英编写;第五章(第二节三、四;第四节二、三;第五节;第六节;第七节;第八节)由浙江纺织服装职业技术学院李修德编写;第五章(第九节)由浙江理工大学尹艳梅编写;第五章(第十一节)由浙江理工大学罗莎编写;第六章、第七章由杭州职业技术学院丁林编写;全书由汪建英统稿与修改,并对部分章节作了改编。

　　本书在编写过程中,得到了浙江理工大学李旭博士、嘉兴学院薛元博士、浙江纺织服装职业技术学院曹琼老师、浙江纺织服装职业技术学院叶婉茵副教授、杭州职业技术学院徐剑老师的大力支持,在此表示衷心的感谢。

　　由于我们水平有限,书中如有错误和疏漏,敬请同行专家和各位读者批评指正。

编　者
2013 年 7 月

目　录

第一章 概　述

第一节　服装设备发展概况

在使用设备加工服装之前,服装的制作工具为竹尺、剪刀、刮浆刀、手针、烙铁。随着社会经济、政治、文化、科学的发展,人类对服装的需求已不只是单一的御寒功能,使得手工作业无论从数量上,还是从质量上都无法满足人们对服装高品位、多样化的需求,促使服装制作从单件的手工制作向工业化生产方向发展,推动了服装制作工具向服装制作设备发展。测量由竹尺→放码尺→三维测量仪;裁剪由剪刀→电剪刀→自动裁床;粘衬由刮浆刀→粘合机→涂衬设备;缝纫由手针→电动缝纫机→自动专用缝纫机;整烫由烙铁→电熨斗→整烫机。在整个服装生产中,缝制所占的工时最多,所以服装设备中的缝制设备首先被发明,并得到了不断的发展。据资料显示,不同型号、不同用途的缝纫机多达6000多种。

从18世纪末,英国托马斯·赛特发明第一台单线链式线迹缝纫机至今,已有200多年的历史,综观缝纫机的发展,大致可分为三个阶段。

(一)缝纫机创始阶段(约1790—1878年)

1790年,英国托马斯·赛特发明第一台单线链式缝缝纫机,此后几年,在其基础上又发明了双线链式缝缝纫机。经过不断改进,缝纫机逐渐显示出其效率高的优越性。但此时的缝纫机均属链式线迹缝纫机,其耗线量比手工用线量多4.5倍,缝迹的抗脱散性及耐磨性亦较差。

1832年,Walter Hunt兄弟发明了梭式缝缝纫机,其成缝原理类似于纺织厂的织布机,使缝纫机的耗线量大大降低,仅为手工缝纫的1.5～2倍,而且缝纫牢度与手工缝纫相比有所提高。

1851年,美国胜家兄弟设计出第一台全部由金属材料制成的缝纫机,缝纫速度提高到600针/min。此时缝纫机初步定型,开始投入批量生产,并大量用于服装的缝纫加工中。

(二)完善缝纫机性能,扩展品种阶段(约1879—1946年)

在这一阶段缝纫机的性能逐步得到完善,结构趋向合理。随着服装品种的增多,缝纫方式也越加复杂,陆续出现了各种性能的缝纫机种。20世纪30年代,包缝机问世;40年代,先后生产出三针机、滚领机、绷缝机、锁眼机等新机种,缝纫机种类不断被扩展。

(三)缝纫机高速化、自动化、省力省人化阶段(约1946年后)

自20世纪40年代中期开始,随着高效率生产的要求,缝纫机转速从3000r/min迅速提高到 5000r/min。20 年后,缝纫机转速达到 5500r/min;70 年代,达到 8000r/min;80 年代中期后,有些机种速度可达 9000r/min。如日本 JUKI 公司生产的 MO-3904 包缝机和 MO3914 包缝机转速都达到 9000 针/min。

缝纫机的省力、省人化始于 20 世纪 60 年代,当时美国胜家公司生产的缝纫机带有切线装置,使缝纫机缝制效率提高了 20%,同时节约了缝线。此后,出现了各种自动切线装置、缝针自动定位装置、自动上松紧带装置等辅助设施。而德国 PFAFF 公司的 3822-1/04 型自动钩止口机,配有上下两把切刀,集缝合、切边、修边等功能于一体,一台缝纫机可同时完成"钩止口"、"分止口"、"修剪"等多道工序,至少可省两名操作人员。

20 世纪 80 年代,国际服装业进入全盛时期,出现了许多新型的服装机械,如自动开袋机、自动连续锁眼机、自动连续钉扣机、自动缲袖机、自动省缝机、自动缲袋机等。由于综合应用了电子、电脑、液压、气动等先进技术,自动化程度不断提高,高科技及其设备从以往的辅助作用转为取代某些工序中技术要求较高的手工操作,使人成为辅助角色,加工质量稳定性显著增强,生产效率也不断提高。如日本 JUKI 公司的 AMB-189R 型钉扣机集送扣、钉扣、绕线功能于一机,具有八种直接钉扣和绕线脚标准样型的程序设定,并能对扣子外径、钉扣针数、绕线圈数与高度、加固重针数、加固流线长等操作参数进行设定,大幅度地提高了钉扣效率。

我国的服装机械工业诞生于 19 世纪末,当时只能进行修理和生产简单配件,新中国成立后,服装机械工业有了很大的发展,我国的缝纫机工业经过建国五十多年,尤其是改革开放二十多年来的发展,在积极引进技术与设备的同时,大力抓好服装机械设备的研制和开发,已经形成了具有相当规模和一定水平,品种丰富、门类齐全,既能基本满足国内需求,又有一定国际竞争能力的生产体系,取得了举世瞩目的成就。如今,我国缝纫机行业已形成 800 万台的年生产能力,占世界总产量的 50%。在产品结构上,从一般的工业缝纫机向特种机、专用机发展;在产品水平上,从生产高速平缝机、包缝机向生产多功能综合自动化产品、机电一体化产品发展;并基本形成了以上海、西安、广东、天津、江苏和浙江为中心的六大生产基地,涌现出一批"中国名牌"缝纫机,如标准、上工、飞跃、中捷、宝石等品牌,产品销往非洲、欧洲、东南亚、中东、美洲等市场。在不断缩小国产缝纫机与进口设备差距的今天,国内一些生产高档产品的大型服装企业也开始热衷于使用国产缝制设备。

虽然我国缝纫机行业取得了高速发展,缝纫机产量居世界第一,但是质的增长与量的增长不同步,无论是产品品种、质量、档次,还是行业的技术、工艺、管理水平都与世界先进水平存在着较大差距。目前,世界上能生产缝纫机品种近 6000 种,常年生产的达 4000 多种,而我国目前工业缝纫机品种只有 400 余种。平缝机产品系列的差距相对较小,包缝机和绷缝机品种系列的差距较大,特种机品种上的差距更大,许多专用机、特种机和多功能综合自动化的产品还不能生产。从世界范围看,德国、意大利、日本等国家仍占据着缝制设备技术的制高点,从近年日本对欧美缝纫机出口数量不多但金额颇高的特点很容易分析其中的缘由,那就是日本产品技术含量高,主要定位于高端市场的新的发展趋势。重机、兄弟等企业就在其大规模产品的广泛基础之上在高速平缝机的无油化上大做文章,则日后相应的产品更新换代的市场利润也必然大为可观。日本企业致力于"多功能、多线迹、一机多用"机种的开发,在某种意义上代表了缝纫机总的发展趋势。近几年来,我国缝纫机行业致力于技术进步工作,很多零部件企业先后引进珩磨机等先进加工设备,高速旋梭、伞齿轮、挑线杆组件等关键零部件生产技术工艺已相对完善和成熟,许多大公司、企业集团的 CAD/CAM 等技术储备日渐丰富,正在加速机电一体化的高附加值产品的开发和运用。

第二节 服装生产流程所用的机械设备

一、服装各生产阶段所用设备种类

工业化服装生产一般以流水生产的方式进行,整个生产过程大致分成四个阶段,即:生产准备—裁剪工程—缝纫工程—整烫工程;每一个阶段都由相应的机械设备来完成,其种类有:

准备设备——验布机、预缩机、三维测量仪、服装 CAD 设备。

裁剪设备——铺料机、断料机、裁剪机、自动裁剪系统等。

粘合设备——辊式粘合机、板式粘合机。

缝纫设备——通用设备——平缝机、包缝机、链缝机、绷缝机;

专用设备——套结机、锁眼机、钉扣机、暗缝机等;

装饰设备——曲折缝机、绣花机、行缝机、珠边机等;

特种设备——自动开袋机、自动装袋机、自动省缝机、自动控布边缝机及锁钉机等。

整烫设备——熨斗、真空抽气烫台,电热蒸汽发生器、专用蒸汽熨烫机、蒸烫机等。

其他设备——吸线头机、剪线头机、检针机、包装机械、吊挂系统等。

二、服装设备在生产流水线中的应用

流水生产是服装企业里最普遍的生产模式,一条设计合理、安排周密的流水线,能最大限度地发挥机械设备和人的效率,提高产品的产量和质量,为企业增收创利创造先决条件。

服装流水线生产时,衣片或半制品按照一定的工艺路线,有规律地从前道工序流向后道工序,它是一种劳动分工细、生产效率高的生产组织形式。

流水生产要有一定的批量,要求产品结构和工艺相对稳定,生产工艺过程中能够划分成若干简单工序,而且这些工序能够适当地进行合并或分解。服装企业里最常见的流水线的种类有:

(1)西装生产流水线;

(2)男衬衫生产流水线;

(3)牛仔系列生产流水线;

(4)西裤生产流水线;

(5)其他还有风衣、棉衣等生产流水线。

专业生产流水线除需要通用设备外,还需配有适合专业生产的专用缝纫设备,以达到高质高产的效果。例如:

西服生产流水线——配有各种定型蒸汽熨烫机、自动开袋机、装袖机、复衬机、圆头锁眼机等。

男衬衫流水线——配有门襟机、埋夹机、四领机、平头锁眼机、钉扣机等。

牛仔系列生产流水线——配有厚料双针平缝机、绷腰机、套结机、四合扣机等。

下面以男衬衫流水线的设计为例，阐述其设备的配置。

产品生产要求：日产1200件男衬衫。款式特点：翻门襟、圆角下摆。

由于设备和人是服装生产的必要条件。设备的生产能力越大，生产效率就越高，所需人员就越少。专用设备的使用能更大程度地提高生产效率。例如，用平头锁眼机锁7个扣眼的男衬衫，8小时能锁700件；门襟机每分钟能装门襟3件；等等。

根据专用设备的配置不同，一般专业流水线生产男衬衫人均日产量约12～18件，若定人均日产量为15件，则所需工作人员为：日总产量÷人均日产量＝1200件÷15件/人＝80人。于是按照工序分解和设备的生产能力，该产品流水线生产每道工序应选用的最基础的设备机种、数量及人员配置如表1-1所示。

表1-1　工序分解及设备人员配置表

序号	工艺内容	选用设备	台数	人员数
1	验布	验布机	1	1
2	裁剪、分包、编号	直刀裁剪机	2	4
3	粘合上下领衬	平板压领机	1	2
4	车缝上领片	带侧刀平缝机	2	2
5	翻上领、领角定型	翻、压领角定型机	各2	2
6	压上领止口线	平缝机	2	2
7	上下领连接缝	平缝机	2	2
8	下领折边缝，压下领止口线	平缝机	2	2
9	上下领定型	上下压领机	1	2
10	折烫袖叉条	电熨斗	2	2
11	车缝左右袖衩	平缝机	4	4
12	车缝袖克夫	带侧刀平缝机	1	1
13	翻袖克夫，定型	电熨斗	2	2
14	绷袖克夫，压线	平缝机	2	2
15	口袋折烫定型	电熨斗	1	1
16	压袋口线、贴袋	平缝机	4	4
17	绷门襟	自动门襟机	1	1
18	拼缝后复势	平缝机	2	2
19	贴缝水唛、商标	电脑平缝机	2	2
20	拼肩缝	平缝机	2	2
21	绷袖子、压线	单、双针平缝机	各2	4
22	拼缝袖下缝、侧缝	埋夹机	4	4
23	绷袖克夫	平缝机	4	4
24	绷领子	平缝机	6	6
25	卷底边	平缝机	3	3
26	锁眼	平头锁眼机	2	2
27	钉扣	钉扣机	2	2
28	圆领	圆领机	1	1
29	大烫整理	烫台、熨斗	各8	8
30	包装（辅助工）			3
31	辅助工	带刀式裁剪机	1	1

该流水线所配专用缝纫机如下：

平头锁眼机——2台；

钉扣机——2台；

门襟机——1台；

四领机：平板压领机——1台，上下盘压领机——1台，翻压领角定型机——2台；

圆领机——1台；

埋夹机——4台。

第三节 服装设备的机械常识

一般机器的运动都是由电动机带动，通过皮带传动或链传动，带动机器的主轴旋转，然后再带动各个执行机构动作。

一、有关机构的基本概念

各种机器都是由许多不同的机构组成，而这些机构由人为的实体（构件）组成，各实体之间靠运动副连接均有相对运动。

1.机构的作用

将原动件的运动与力传递给执行件，在传递过程中可进行力的大小和运动方向的变换。

2.名词解释

机构——是一些相互之间做有规律运动的刚性体的组合系统。如图1-1所示的针杆机构。

构件——机构中参与运动的刚性体称为构件，是运动的基本单元。构件可以是单一的零件，也可以是若干个零件连接的刚性结构。常用的构件有轴、连杆、支座、机架、弹簧、电机、联轴器等，如图1-2、1-3所示。

零件——单一的刚性体，制造的基本单元如图1-3所示。

运动副——机构是由若干个构件组成的，这就必须把各个构件通过某种形式可动地连接起来，这种构件间互相接触而又保留确定的相对运动的连接称为运动副。

图1-1 针杆机构　　　　　图1-2 构件　　　　　图1-3 零件（构件）

3.运动副常见的分类方法

平面运动副——只能做平面运动。（二维）机构示意图如图1-4(a)所示。

空间运动副——不只局限于平面运动。（三维）机构示意图如图 1-4（b）所示。

高副——点、线接触，如图 1-4（a）所示。

低副——面接触，如图 1-4（b）所示。

转动副——两构件之间的相对运动为转动，如图 1-1 所示。

移动副——两构件之间的相对运动为移动，如图 1-1 所示。

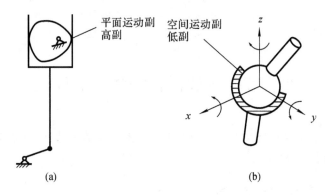

图 1-4　运动副

二、机构的传动原理图

不考虑实际复杂的外形与结构，而用简单的线条和规定的符号来表示机构各构件之间的相对运动关系，这种简单的图形称为传动原理图。

1. 构件的简图表示（见图 1-5）

	构件立体图	构件简图
1		
2	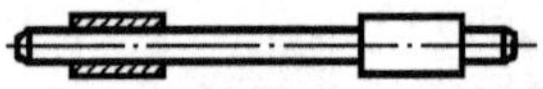	
3		
4		
5		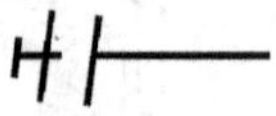

图 1-5　构件的简图表示方法

2. 机构的传动原理图表示（见图 1-6）

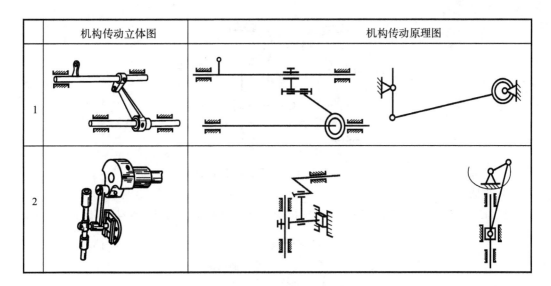

机构传动立体图	机构传动原理图	
1		
2		

图 1-6　机构的传动原理图表示方法

三、服装机械常见机构

服装机械设备常用的机构有连杆机构、凸轮机构、齿轮机构等。

(一)连杆机构

连杆机构可有以下类型：

1. 平面连杆机构（四杆或多杆）

作用：主动件通过连杆将运动和力传递给从动件。

(1)曲柄摇杆机构

特点：曲柄做圆周运动，摇杆作摆动运动。当曲柄很短时，常做成偏心轮，如图 1-7 所示。

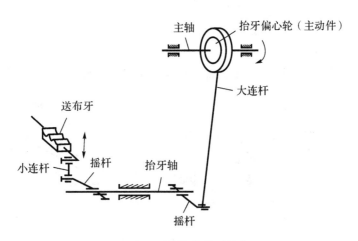

图 1-7　工业平缝机的抬牙机构

(2)双摇杆机构

特点：主动杆和从动杆都作摆动，如图 1-8 所示的包缝机的双弯针机构。

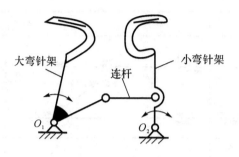

图1-8　GN1-1包缝机的双弯针机构

（3）曲柄滑块机构

特点：主动曲柄做圆周运动经连杆带动滑块沿固定导路做直线往复移动，如图1-9所示。

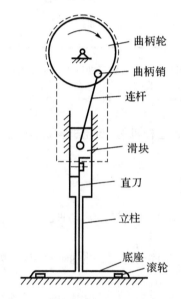

图1-9　直刀往复式裁剪机切布机构

（4）摆动导杆机构

特点：主动导杆做摆动，通过其上的滑块传动使从动件摆动，如图1-10所示。

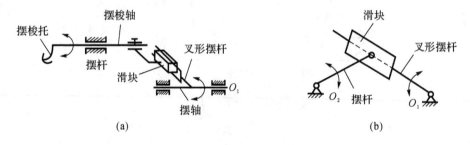

图1-10　缝纫机摆梭机构

2.空间连杆机构

作用：主动件通过连杆将运动和力传递给不同平面的从动件。

特点：主动件与从动件的运动不在同一个平面，其机构中就会用到球面副，如图1-11所示。

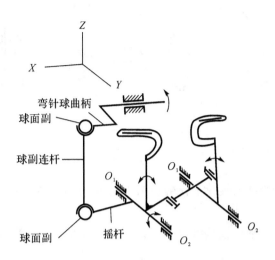

图 1-11　GN1-1 包缝机的双弯针传动机构

(二)凸轮机构

作用:利用凸轮特定的轮廓曲面推动从动件完成预定的运动。

凸轮机构由凸轮和从动件组成,通过两构件的锁合将凸轮的旋转运动传递给从动件做预期的运动,常见的类型如下:

1.凸轮的类型

(1)平面凸轮(盘状)

特点:凸轮和从动件互作平面运动。一般推杆行程较小。如图 1-12 所示。

(2)空间凸轮(圆柱状)

特点:凸轮和从动件的运动平面不相互平行。可使推杆得到较大的行程,如图 1-13 所示。

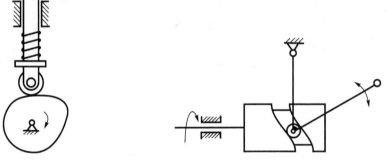

图 1-12　平面凸轮机构　　　　　　图 1-13　空间凸轮机构

2.从动件的类型

(1)尖端从动件(见图 1-14(a))

特点:点接触,压强大,易磨损。可用于轻载、低速的少数场合。

(2)滚子从动件(见图 1-14(b))

特点:线接触,滚动摩擦,磨损较小。可承受较大的负荷。

(3)平底从动件(见图 1-14(c))

特点:线接触,运动平稳。可用于高速。

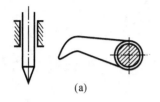 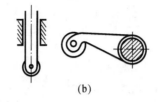 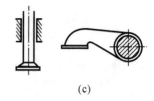

(a)　　　　　　　　(b)　　　　　　　　(c)

图 1-14　凸轮从动件类型

3.凸轮与从动件的锁合方式

(1)力锁合

特点:依靠重力或弹簧力来保证接触。图 1-12 所示为平面凸轮,滚子从动件,力锁合。

(2)结构锁合

特点:依靠结构形状来保证接触。图 1-13 所示为空间凸轮,滚子从动件,结构锁合。

(三)齿轮机构

作用:将一轴的运动和力通过齿轮啮合传递给另一轴。

特点:传动比稳定,运动传递准确可靠。

齿轮机构的类型有:

(1)两轴线平行的齿轮机构(圆柱齿轮机构)

特点:传递相同平面内的运动。

齿型结构:直齿(见图 1-15)——齿与齿轮轴线平行;

　　　　　斜齿(见图 1-16)——齿与齿轮轴线倾斜;

　　　　　人字齿(见图 1-17)——齿成人字形与轴线对称倾斜。

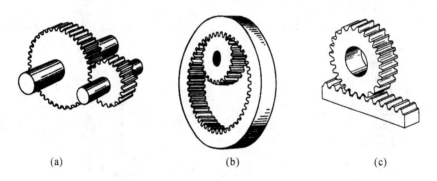

(a)　　　　　　　　(b)　　　　　　　　(c)

图 1-15　直齿圆柱齿轮机构

图 1-16　斜齿圆柱齿轮机构　　　　　图 1-17　人字齿圆柱齿轮机构

啮合状态：外啮合如图 1-15(a)所示——两齿轮转动方向相反；

内啮合如图 1-15(b)所示——两齿轮转动方向相同；

齿条啮合如图 1-15(c)所示——齿轮转动，齿条移动。

(2)两轴线相交的齿轮机构(圆锥齿轮机构，见图 1-18)

特点：两轴相交传递不同平面的运动。

齿型结构：直齿如图 1-18(a)所示、斜齿如图 1-18(b)所示、曲齿之分如图 1-18(c)所示。

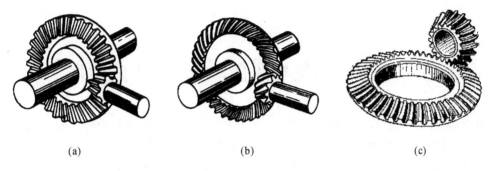

(a)   (b)   (c)

图 1-18　圆锥齿轮机构

(3)两轴线交错的齿轮机构(螺旋齿轮机构、蜗轮蜗杆机构，见图 1-19 和 1-20)

特点：两轴交错传递不同平面的运动。

螺旋齿轮机构(见图 1-19)：由于传动机械效率较低，轮齿易磨损，故不易用于大功率与高速传动。

蜗轮蜗杆机构(见图 1-20)：两轴的交错角通常为 90°，可获得较大的传动比。蜗杆为主动件，传动蜗轮获得较大的减速运动。

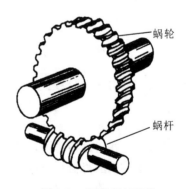

蜗轮

蜗杆

图 1-19　螺旋齿轮机构　　　　　图 1-20　蜗轮蜗杆机构

第二章 准备工程设备及其运用

第一节 验布机及其在材料检验中的运用

由于面料的疵点会影响服装的质量,因此在服装加工前需对面料进行检验。验布机就是用于面料准备工序的检验设备。其作用是:验出面料疵点、色差、纬斜;检测复核面料长度;减轻检验人员的劳动强度,提高工作效率。图 2-1 为验布机的示意图。

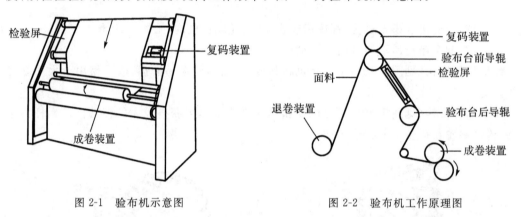

图 2-1 验布机示意图   图 2-2 验布机工作原理图

验布机的主要机构有:面料退卷装置;成卷装置(或折叠装置);启动、倒转和制动装置;验布台及照明光源等。

验布机的工作原理如图 2-2 所示。将筒装的待检面料装在退卷装置上,面料缓缓向前输送,从前导辊进入,并通过检验屏,再由后导辊进入成卷装置卷装。当面料随导辊走动时,复码器便可从导辊表面测得面料走过的长度;当面料经过检验屏时,检验屏内照明装置的光透过面料,将疵点、色差等病疵清晰地展示在检验人员的面前,检验员将其做上标记,以便裁剪时处理。性能先进的验布机带有电子检疵装置,由机算计统计分析并打印输出,协助验布操作。

一般大中型企业都用验布机验布以提高生产效率,可比人工拉布检验节省几倍的劳动力。

第二节　预缩机及其在材料处理中的应用

因面料在生产和后整理加工过程中受到张力的影响,面料会被拉伸,在外力消失后会留下残余变形;当面料遇水、遇湿热后常常会收缩,影响成衣使用性能。因此,对于一些收缩率较大(>3%)的面料,特别是做高档服装的面料,生产前要进行预缩处理。在工业化生产中,完成预缩工艺的设备称预缩机。其作用是:在给湿给热的状态下,通过挤压或振动,消除面料的内应力,使织物反向回复变形,达到降低或消除面料缩水率的目的。

挤压式预缩是利用呢毯与橡胶毯的弯曲变形挤压面料达到预缩的目的,常称为呢毯式预缩机和橡胶毯式预缩机;汽蒸振动式预缩是利用面料汽蒸后纤维分子间相互作用力降低原理,让其在无张力状态下自由地释放内应力,达到消除残余变形的目的,称其为预缩定型机。

一、呢毯式预缩机和橡胶毯式预缩机

呢毯式预缩机和橡胶毯式预缩机的工作原理是一样的,只是因包覆材料不同,预缩效果有所不同。呢毯式预缩机比橡胶毯式预缩机的预缩效果差。下面以橡胶毯式预缩机为例说明其工作原理。

图 2-3　橡胶毯式预缩机的外形图

图 2-3 为橡胶毯式预缩机的外形图,图 2-4 为橡胶毯式预缩机的结构图,它主要由蒸汽箱、预干轮、纬纱调节器、预缩装置及烘干装置等组成。其工作原理是:面料经蒸汽箱充分给湿加热,整纬后,由橡胶毯包裹的进布辊与加热承压辊之间进入,通过已拉长的橡胶毯表面的弯曲变短迫使面料也受热挤压缩短,再进一步通过烘筒烘干后定型。其最大预缩率可通

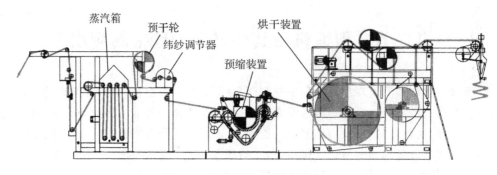

图 2-4　橡胶毯式预缩机的结构图

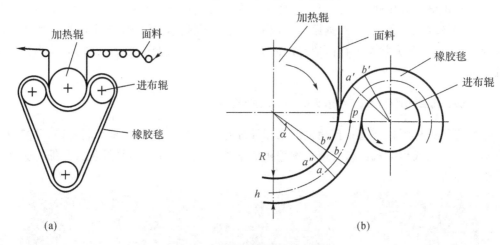

图 2-5　橡胶毯预缩原理示意图

过橡胶毯的变短长度来计算。由图 2-5 可知：设橡胶毯的厚度为 h，加热承压辊的半径为 R，不计面料厚度，取一单元段 ab，包覆角为 α，理论上可以认为面料的挤压变形产生的收缩等于橡胶毯上的内圈 ab 处的压缩变形量。其最大压缩量 Δ 可表示为

$$\Delta=(R+h)\alpha-R\alpha=h\alpha$$

则最大预缩率 ε 可表示为：

$$\varepsilon=\frac{h\alpha}{(R+h)\alpha}=\frac{h}{R+h}$$

即　　　　　最大理想预缩率(%)＝$\dfrac{橡胶毯厚度}{加热辊半径＋橡胶毯厚度}$

　　由公式可知，预缩率的大小取决于加热半径和橡胶毯厚度，橡胶毯的厚度越厚，加热辊的直径越小，则预缩率越大。但这只是在其他状态一定的情况下可计算的最大理想预缩率。预缩率的大小还和面料的含湿率、进布加压辊和加热辊之间的压力和加热辊的温度以及机器的速度有关。

　　一般橡胶毯预缩机的橡胶毯厚为 25mm，50mm，67mm；加热辊直径取 300～350mm（若考虑橡胶毯使用寿命厚度则可取大些）；进布辊与加热辊的间距比橡胶毯厚度小 1～3mm，出布辊与加热辊的间距与橡胶毯厚度相等或略大，如橡胶毯厚度为 25mm，则进布辊与加热辊的间距为 25－(1～3)mm，出布辊与加热辊的间距为 25～30mm。进布辊、出布辊与加热辊圆心都在同一条直线上时，则包角最大，理想预缩率也最大，但橡胶毯易损伤，实际上加热

辊圆心一般比进布辊、出布辊高出 1mm。面料进入橡胶毯的方向可调,一般以切线方向为好。

　　呢毯式预缩机和橡胶毯式预缩机适用于棉麻蚕丝及粘胶等纤维的面料的预缩。橡胶毯式预缩机预缩效果较好,预缩后织物的残余缩水率可达到 3% 以下。在要求较高的情况下可进行二次预缩。

二、蒸汽预缩机(预缩定型机)

　　图 2-6 为蒸汽预缩机的外形图,图 2-7 为蒸汽预缩机的结构示意图。它主要由导布辊、传动辊、输送器、汽蒸滚筒、热收缩板、保温管道、测长装置、吸风装置和冷却装置等组成。其工作原理是:由电脑控制超量喂布送入面料,面料在无张力的状态下由蒸汽给湿给热,在保温区内振动,自由释放内应力进行热收缩,然后冷却出布。其超量喂布的速度由导布辊上待喂布圈拖落长度的反馈信息自动调节。

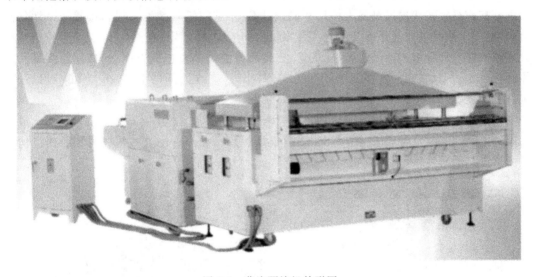

图 2-6　蒸汽预缩机外形图

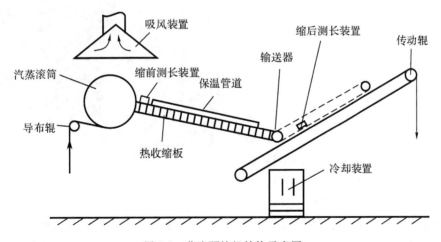

图 2-7　蒸汽预缩机结构示意图

蒸汽预缩机的特点是:面料无张力、无挤压,预缩后面料蓬松柔软,特别适合毛料织物的预缩。由于毛纤维的吸湿性较强,其毛纤维鳞片的方向性使得毛纤维在一定的温度、湿度、挤压力等条件下会产生缩绒现象,若温度过高或挤压过大,都会造成尺寸上的严重过缩,因此其不适合用呢毯式预缩机和橡胶毯式预缩机进行预缩。但蒸汽预缩机的预缩效果不是最佳,最大预缩量是面料本身存在缩量的 60%,所以较适用于服装厂服装生产前的面料预缩。

第三节 三维人体测量仪及其在服装生产中的运用

一、概述

人体各部位的测量数据是形成服装规格尺寸的基本依据之一。三维人体测量系统就是以电脑扫描系统替代皮尺测量人体尺寸的先进设备,它的研制是为了迎合服装业个性化潮流,并适用于服装工业制作而开发的。该系统由扫描室、传感器(含摄像头)以及计算机数据处理系统等三部分组成。通过扫描、成像、三维测量编辑等操作可方便、快捷地得到平面人体图像(Images)、三维人体网格图(3D Point Cloud)、三维人体模型(Body Models)以及三维测量数据(Extracted Measurements)。

该产品在国外已有不少公司生产,如美国的[TC]², 日本的 HAMAMATSU(旭化成)、法国的 LECTRA(力克)、德国的 ASSYST(艾斯特)等,在国内也有一些公司和科研机构在从事该产品的研发生产中。

二、设备主要组成部分

三维人体测量系统一般由专用扫描室、一组(4～8 个)传感器(含摄像头)、电脑主机、显示器及专业软件等组成。

下面以[TC]²三维人体测量系统为例进行介绍。

专用扫描室(参见图 2-8):需约 9 平方米大小的一暗房。

传感器:该系统具有四个传感器,每个传感器的位置是固定不动的,每个传感器由一个投影机和一个摄像机组成。传感器投影机内的光栅上下移动,每一次测量中,4 个传感器各自摄取 16 张不同的影像。形成了如图 2-9 所示的竖直三角测量原理和如图 2-10 所示投射光栅。

图 2-8 扫描室图例

专业软件:它的软件设计主要包括系统测试、系统标定、人体测量、数据处理和数据输出五大部分。它的工作原理是使用干涉条纹以及快速数码传感器将人体部分图像提取出来。这些图像将被转变成成千上万的数据点形成测量人体数据,然后形成再造人体数据,再用定义过的数据模式提取所需要的人体各部位数据。

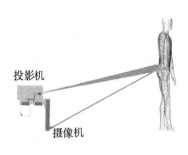

投影机

摄像机

图 2-9　竖直三角测量

图 2-10　投射光栅

系统五大部分的作用如下：

（1）系统测试

检测系统是否正常工作，主要包括照明灯、测量光源、传感器和马达及摄像头的工作状况。

（2）系统标定

检验或校正系统的测量精度。有两种标定，分别是圆柱标定和小球标定。

（3）人体测量

测得人体各部位数据。该系统要求测量对象穿着该公司提供的测量专用合体服装或淡颜色合体服装进行测量。为了得到与人体相符的模型以及准确的数据，测量对象必须保持静止状态，两脚站于测量室内脚印处。稍微的移动将导致图像扭曲以及模型无法套取。

测量过程主要分两种，即：自动测量和手动测量。

（4）数据处理

在数据处理时，很重要的一步是编辑测量规格表，以获得所需的数据。

（5）数据输出

最后生成的测量数据文件，可以选择输出路径输出到其他地方。

三、设备的功能与用途

（1）能快速、高效地测得服装制作所需的数据，为服装生产的合体性提供依据。无论是服装批量生产商还是个体服装制作者，都必须以目标消费者的人体数据为基础，才能生产出舒适合体的服装，从而适合人体的静态和日常运动所需。

（2）人体三维全自动测量系统与服装 CAD 系统相结合后，可在电脑中生成个体的人台，在相关软件的支持下，可调用原有基准样板进行立体试样和立体修改样板等工作，而产生出适合于个体的样板；也可以直接应用 GERBER 单量单裁专业软件，在输入个体测量数据后，电脑会自动将基准样板修改生成适合于个人体型的个体样板；通过计算机排料直接输入到自动裁床系统，实现人体测量、纸样设计、排料裁剪的连续自动化，为适应个性化服装生产提供良好的服务。

（3）根据测量出的人体各个部位尺寸数据，计算机会自动建立产生三维人体模型。可用以研究人体体型特征，进行人台（人体模型）生产的优化工作，为标准人台的设计提供依据。

标准人台常用于服装立体裁剪、样板修正、商品检查或服装展示等,人台的尺寸和造型设计必须建立在大量的对实际人体各部位测量数据的统计和处理的基础上,才具有实用意义。

(4)利用三维人体测量仪,可快速进行区域人体的数据的采集和分析,为国家制定、修改服装号型规格标准,提供基本依据;亦可为建立适应我国国民体型的原型数据库提供依据。

(5)通过测得的三维人体的大量数据,可用以研究人体体型特征与服装造型、样板设计等方面相应的技术关系。研制出具有市场竞争力的优质服装板型。

第四节　服装CAD系统设备在服装生产中的运用

一、概述

CAD是计算机辅助设计(Computer-aided Design)的英文缩写。服装CAD系统是利用计算机代替人工进行设计、打板、放码、排料的先进设备,它在服装行业的应用始于20世纪70年代初。最初开发排料系统应用软件的有美国的格柏(Gerber)公司、法国的力克(Lectra)公司等;到20世纪80年代末,随着个人计算机和苹果机的发展和普及,一些图形设计软件开始大量涌现,如服装款式设计、版型设计、面料设计等新的系统功能,对服装设计师们有着强烈的吸引力,许多企业开始依赖计算机辅助设计这一工具。软件开发供应商们针对市场的需要,尤其是服装行业的特点,不断改进系统产品,提供更多的功能,使系统日益完善。服装CAD及CAM(Computer-aided Manufacture)系统的运用能够大大提高工作效率,所以深受服装生产企业的欢迎。

近几年来在国内较有影响的服装CAD系统有美国的Gerber、法国的Lectra、西班牙的Investronic、德国的Assyst、加拿大的PAD以及台湾的Docad、北京的Arisa和日升、杭州的ECHO和时高等。

服装CAD系统是服装数字化技术方面的内容之一,随着计算机技术和网络通讯技术不断发展,CAD系统的发展正朝着三维化、网络化、集成化、智能化、通用化的方向前进,它与CAM的结合也更为紧密。可以确信:服装CAD/CAM这些新的科学技术必将为全球服装业的发展提供巨大的推动力。

二、设备组成、功能及作用

服装CAD系统的设备主要包括:

(1)图形输入设备——数字化仪(参见图2-11)。

应用数字化仪,可将现有的服装样板输入到电脑中(俗称读图),以便于对该样板进行修改、放码、排料等工作。

(2)CAD工作站——PC机(含显示器、键盘、鼠标等)、专业软件。

运用专业软件在PC机上可进行设计、打板、放码、排料等操作。

目前CAD软件系统已得到不断的开发,以美国GERBER服装CAD系统为例,其软件系统的主要功能如下:

1)Artworks Studio系统——设计、采购、款式开发

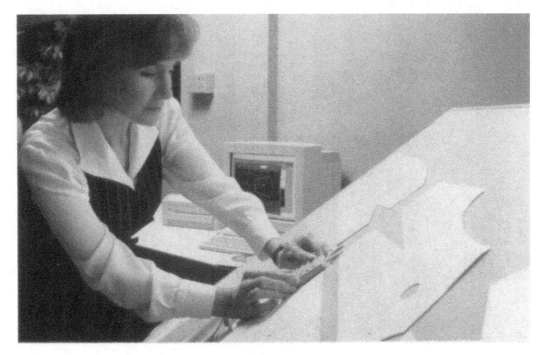

图 2-11　数字化仪

可进行面料(梭织、针织、印花、提花、配色)设计、服装款式设计、以及面料与款式相配套的综合应用——款式换装设计(可模拟出穿着时衣料自然褶皱所呈现的效果)。

2)Pattern Design 系统——纸样设计、放码系统

可进行样板绘制与编辑、样板修改、省道处理、放毛样等工作,并具有多种放码功能。

3)APDS-3D 系统——样板三维试衣系统

具有立体人台资料库,可新建和修改各种人台体型;可调用 PDS 中的样板作假缝试穿于三维人台上,可从三维方向显示该款服装的穿着效果及合体度,同时可模拟显示各类衣料的悬垂、褶皱性能和飘逸感;并可进行款式、结构、尺寸等修改;修改后的样板可再回到 PDS 中,作下一工序的处理。

4)Marker-Making 系统——排料系统

具有全自动排料和人机交互式排料功能,在面料中可进行对条、对格、对花等特殊处理。

5)Product Data Management 系统——产品资料管理系统

该系统设有多个数据库,如:工厂资料库、操作资料库、外加工资料库、供应商资料库、劳工与成本计算表等,以便于查询、调度、采购、生产安排与管理等。

6)AccuMark MTM 系统——服装单量单裁设计系统

可通过输入个体的人体测量数据,该系统中原有的基准样板会自动修改,而生成所需的个体样板。

(3)图形输出设备——绘图机(参见图 2-12),CAM 工作站(自动裁床)

将完成的样板、放码图、排料图等以 1:1 尺寸绘制出来或直接输入 CAM 工作站进行样板切割或面料裁剪。

图 2-12　绘图机(幅宽 1.8 米)

三、服装 CAD 在生产中的运用

随着服装买方市场、个性化市场的形成,服装产品的生产已越来越形成小批量、多品种、短周期的格局,这就需要企业具有快速反应能力,而技术资料准备工作的高效是缩短产品生产周期较为重要的前提条件。

服装 CAD 应用的最大的优点就是快速,无论设计、打板、放码还是排料,与手工操作相比其效率成倍提高。特别是在排料时,可以在屏幕上看到所排衣料的全部信息,而不必在纸上以手工方式划出所有的纸样,仅此就可节省大量的时间。利用电脑屏幕在几十米长的布料上可自由移动裁片进行排料,可以随时掌握面料的用量,采用人机对话的方式,能既快又省地得出满意的结果。运用自动排料功能可以很快估算出一件服装的用料,为核算成本报价提供便捷。

但计算机的功能有时也存在难尽人意的地方,如服装样板中的某些曲线描绘,及放码中的保型处理等,还需要借助于人的经验知识。

目前,在欧美发达国家的服装企业中 CAD 技术的普及率已达 70%～80%,在国内的普及率也已达 15%左右。随着服装 CAD 系统功能的不断完善,如在操作的简便化、修改功能的强大化、专用软件细分化等方面的改善,国内企业的使用率将会大大增加。服装 CAD 的运用将有利于降低企业的综合成本,为企业带来更大的经济效益。

第三章　裁剪工程设备及其运用

　　裁剪工程是服装生产的重要环节,将整匹的服装面料按照服装工业样板的具体要求进行裁剪,裁片的质量、数量、供应时间将直接影响生产进度以及服装的质量,一旦出现错误弥补的可能性小,将给企业带来经济损失。裁剪工程的主要工作流程为:

　　　　制定裁剪方案—排料、划样—铺料—裁剪—打标记—编号—验片—分包

　　设备是顺利完成裁剪工程所必需的。该流程所用设备有铺布台、铺布机、各式裁剪机及钻孔机、切口机等,其主要设备是铺料机和裁剪机。随着高科技的发展和数控技术的运用,裁剪设备的自动化程度也越来越高,并且在实际生产中发挥了重要的作用。

　　本章节重点介绍铺料设备和裁剪设备的构造与性能,及其合理运用。

第一节　铺布设备

　　裁剪前一般先确定裁剪方案并完成排料工作,根据裁剪方案制定的层数和排料所确定的铺布长度,由铺料机平拉布料一层层铺于裁剪工作台面上,然后在铺好的布料上铺放裁剪图,用裁剪机沿图上曲线把面料裁成所需的衣片。在此过程中,铺布是影响裁片质量的重要因素之一。

一、铺布的要求

(一)铺布的工艺要求

要保证铺布的质量,操作时应注意以下几方面的工艺要素:

(1)面料平整清洁;

(2)面料头齐、尾齐、一边齐;

(3)减少对面料的拉力;

(4)保证面料的方向性;

(5)面料的条格对齐。

(二)铺布的形式

根据不同的面料、不同的款式及不同的裁剪方案,决定不同的铺料方式,归纳起来有以下六种:

(1)单向铺布法

单程一个方向铺料,上下两层毛向一致,如图3-1所示。

（2）双向铺布法

面料往返折叠，上下两层毛向相反，如图 3-2 所示。

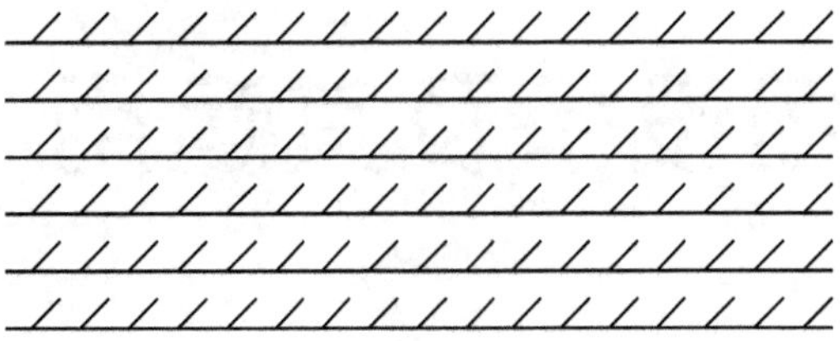

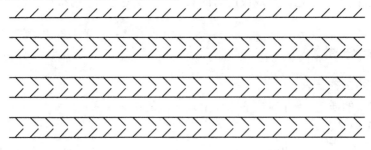

图 3-1 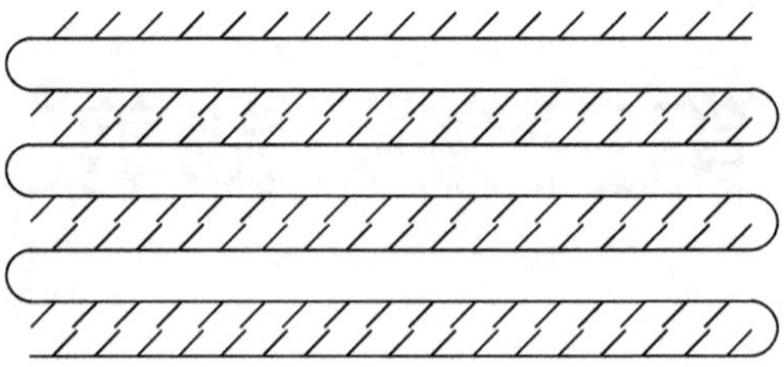　　　　　　　　　　　　　　　　图 3-2

（3）阶梯剪叠法

与单向铺布法类同，只是层与层之间的长度有变化，如图 3-3 所示。

（4）阶梯折叠法

与双向铺布法类同，只是层与层之间的长度有变化，如图 3-4 所示。

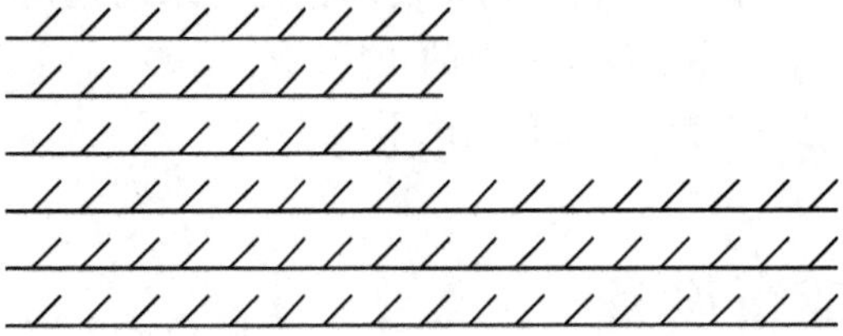

图 3-3 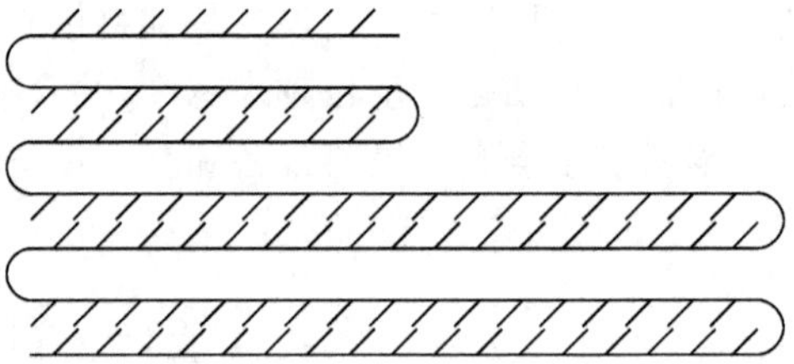　　　　　　　　　　　　　　　　图 3-4

（5）对合铺布法

单层面对面对合铺料，且毛向一致，如图 3-5 所示。

图 3-5

（6）双幅对折铺料法

双层单向铺布，效果类同对合铺布法，如图 3-5 所示。

二、铺布设备的组成、功能与作用

（一）铺料裁剪台

铺料裁剪台一般由台面和支架组成。台面大多是由双面热压材料的密度板或加有金属的绝缘纤维板制成，台面要求平坦光滑、富有弹性，经久耐磨。台面边框通常镶有塑胶边带，防止面料被台面边角损伤,同时也使得台面边缘清晰平直。

支架为钢质金属材料,台腿带有螺杆以便调节台面的高度,保证台面的水平。

裁剪台的高度一般为85cm,符合人体工程的标准。长度和宽度随面料的幅宽及产品种类需要而定,并注意裁剪设备在铺布台上的操作空间。常见的宽度为120～180cm,长度为1200～2400cm,如图3-6所示。

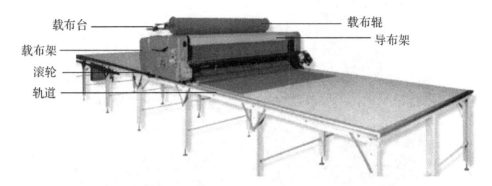

图 3-6　铺布裁剪台

比较高级的裁剪台面配有空气冲气衬垫和空气吸气装置,如图3-7所示。台面为橡胶板,面上均匀分布0.2～0.3cm的小喷嘴。空气冲气衬垫使用时,压缩空气穿过裁剪台从小孔中喷出,使面料层与台面之间形成均匀的气垫层,消除面料与台面间摩擦,使面料层悬浮在气垫上,操作者可轻易地移动面料层并且不会让面料受到拉伸变形。空气吸气装置启动时,能使各层面料之间贴紧,布层之间的错位歪斜现象就能够明显地消除。

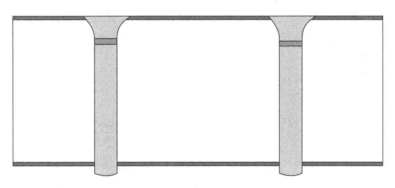

图 3-7　有喷嘴的铺布裁剪台横截面

(二)铺布机

(1)简易铺布机

简易铺布机的工作原理如图3-6所示。载布辊或载布台将面料卷水平放置,匹布和卷装布均可使用,面料沿导布架送至铺布台上,载布架底部装有滚轮沿着铺布裁剪台两侧配有的轨道滑行。在铺料的末端位置安装有夹布器夹住铺放完毕的面料,使面料层的位置平齐。

简易铺布机进行铺布工作时需要两名以上操作人员协助整理面料的两端、布边以及布面,铺布效率低,劳动强度大,工作质量要靠操作人员的工作经验来保证。但是也有它的优点,能适应各种类型的面料,特别是有条格的面料,这一点是自动铺布机较难完成的。不同机型的铺布机工作原理基本一致。

（2）自动铺布机

计算机的应用使铺布机自动化得到实现,该铺料系统只要单人操作就可以,铺布效率高,是将来铺布机械设备的主流,如图 3-8 所示。

图 3-8　全自动铺布机

自动铺布机的型号和种类较多,但是其机构配置大致相似,自动铺布机主要有滑动式旋转型放布台、自动布料送出和张力控制装置、自动对边装置、数字式布料层数计数器、拉布长度记忆装置、布料自动提升装置、走距控制装置、压布器、布尾感应装置、切刀装置、辅助台板等组成。各机构的功能与作用如下。

1）滑动式旋转型放布台:该放布台滑动式装载布卷,可以旋转 180°以配合面对面的拉布方式。

2）自动布料送出和张力控制装置:在布料运送或者旋转过程中,可以自动地依据布料自身原有的张力,调节主机移动速度以减少布料在铺料时拉伸变形。

3）自动对边装置:铺布机设备使用一种智能精密的光电感应器和对边导轨驱动装置,在拉布过程中可以做到正确地自动对齐布边。铺布机对边系统可有效地保障裁片品质,提高面料利用率,降低生产成本。

4）数字式布料层数计数器:在拉布工作开始时预先设定所需的拉布层数,拉布时层数可自动显示,完成后自动停止。做到层数准确。

5）拉布长度记忆装置:自动记录拉出布料的长度。

6）布料自动提升装置:按照布料的厚度,拉布时自动提升送出布料高度,使出布顺畅。

7）走距控制装置:用限位开关进行慢速缓动控制铺料终端的位置。以利主机往返。

8）压布器:有固定和可移动两种,能够快速准确地将布料端部夹住并固定。适当地调节平衡杆两边的弹簧,可以适应不同性能的布料。

9）布尾感应装置:当布料结束时铺布机自动返回到装载位置,待装布料。

10)切刀装置:可以依布宽设定裁刀行走距离及切断速度顺利地切断布料。切刀和主机可以简单地进行拆装及自动磨刀。

11)辅助台板:可供操作者站立并且能够随着载布架一同移动的台板,这种装置比较适合匹装布料拉布作业。

随着新技术的发展,铺布机的自动化功能不断增多。如德国艾斯特奔马公司生产的COMPACTE600型铺布机,带自动校正、裁断和回绕的特殊交错式控制装置。上布时,布卷自动预定中心;卸载时,布卷自动回绕;还具有自动疵点裁断模式,同时布卷回绕等功能。又如美国 PGM-TURNTABLE-EX 转台铺布机,带张力感应及调整装置,具有可方便地调整不同面料的张力、确保无张力铺布等功能。另外,还为铺布机配备了提高功能的各种附件,以满足不同服装企业的生产要求。表 3-1 所示为不同型号的自动铺布机的主要技术特征。

表 3-1 铺布机的主要技术特征

技术参数 \ 机型	NK-300GXN （日本）	COMPACTE600 ASSTSTBULLMER （德国）	COMPACT100-400 ASSYSTBULLMER （德国）	TURNTABLE-EX PGM （美国）	WORLDMM-2 TAKAOKA （日本）
工作宽度 （mm）	1300	1600~2000	1600~2200	1180~3200	1370~2292
拉布速度 （m/min）	80	120	60	70	80
最大堆叠高度	180~280	160~180	150	180~300	200
布料最大重量 （kg）	60	120	80	80	80
布卷最大直径 （mm）	350	500	500	400	600
电源	AC100V/220V 50/60Hz	400V 50Hz,4kW	220/380V 50Hz,1.5kW	220V 50Hz	220V 50Hz

铺布机未来的发展趋势是和裁剪机一起形成一体化的自动裁剪流水线系统,使裁剪工程设备更加简洁、高效。

三、铺布机的运用与保养

(一)运用

简易铺料机在使用时需人工推动,布料层仍需人工整理,与完全人工铺料相比,可减少操作工人和减轻工人的劳动强度,在中型企业有所采用;而全自动铺料机一般与自动裁床配套使用以实现高效率高质量的铺料操作,用于大型企业的大批量生产。全自动铺料机只需一人操作按钮,便可实现整齐、准确、无张力的铺布,它的使用,使企业的生产能力大幅度上升,提高了企业在激烈的市场竞争中的实力。

(二)保养

1.驱动、传动部分的保养

铺布机传动部分是整个机械最容易产生疲劳和损伤的,特别是使用强度大、频率高的铺布机。必须定期检查驱动齿轮、链轮、链条及齿条,发现严重磨损必须拆换,及时清除电动机、气泵、油泵中的灰尘、碎布及布毛等,以免影响机械的工作质量和效率。对于加油部位要定期注油,保证驱动、传动部位的良好润滑。

2.工作部分的保养

铺布机要保持操作控制键板、拖铺轨道、载布滑架、铺布台的清洁,使面料减少被污渍沾染的机会。橡胶板台面上小喷嘴的清洁非常重要,如果喷嘴阻塞直接影响铺布工作的质量,所以要按时清除台面板通气道内的灰尘、碎布等,还要检查空压机的运行情况,以免压力不足。夹布器要始终保持压力均衡,要按时检查夹布器弹簧的压力和夹口的清洁。经常检查裁刀工作状况,保持裁刀的锋利。

第二节　服装裁剪设备

服装裁剪设备的功能是将布料裁剪成衣片。开始裁剪工作前,一般由铺布机把布料铺放在裁剪台上,按照排料图上衣片的轮廓,由裁剪机把铺放的布料裁剪成所要求的衣片。

目前,国内外生产的服装裁剪设备品种与规格较多,根据裁剪设备的结构和工作原理一般将其分为以下几种机型:直刀往复式裁剪机、摇臂式直刀往复裁剪机、带刀式裁剪机、圆刀式裁剪机、冲压裁剪机、电热裁剪机、CAM自动裁剪机。

一、直刀式裁剪机

直刀式裁剪机以刀片形状命名,又称为电剪刀,如图3-9所示。该裁剪机有结构简单、

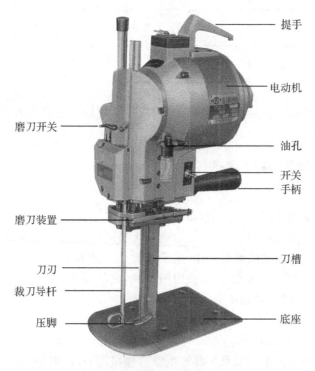

图 3-9　直刀式裁剪机

维护方便、价格便宜等优点,在国内服装企业中被广泛使用。目前,大多数直刀式裁剪机都设置了自动磨刀机构,使刀片可以经常保持锋利,提高裁刀的使用率和裁剪机的工作效率。

按照切割面料的不同,直刀式裁剪机有 3600r/min,2800r/min,1800r/min,1500r/min几种不同的速度可选用。

(一)直刀式裁剪机机构的工作原理与作用

直刀式裁剪机主要由切布机构、压脚升降机构、离心式启动机构及自动磨刀机构组成。其工作原理与作用为:

1.切布机构

切布机构大都采用对心曲柄滑块机构,如图 3-10 所示,其工作原理为:电动机驱动曲柄轮转动,通过连杆带动滑块作上下运动;裁刀插在立柱的窄槽中并被固定在滑块上,刀刃露出窄槽外,当滑块上下运动时,裁刀沿着立柱中间的窄槽随滑块上下运动。其动程为曲柄长度的 2 倍。

立柱连接着底盘,底盘下面有 4 只小滚轮,可手推裁剪机在裁剪台上移动。刀片的垂直往复运动和水平推进运动合成对面料的切割运动。

2.压脚升降机构

如图 3-11 所示,压脚由压脚杆和手柄上的锯齿在弹簧力的作用下合拢定位,压住面料,防止面料因直刀的往复切割而引起抖动。刃磨刀片时,压脚必须放到最低位置。

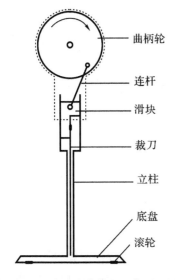

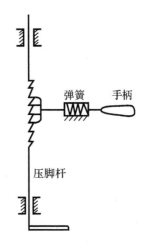

图 3-10 直刀式裁剪机工作原理图　　图 3-11 压脚升降机构原理图

3.离心式启动机构

为改善电机的启动状况,国内外制造商多在裁剪机上设置了离心式启动机构。该机构是靠设在电机轴上的一套离心开关来实现的。当电动机转子达到一定转速时,靠产生的离心力由启动线圈切换到运行线圈,增强了裁剪机在各种负载下运行的可靠性。

4.自动磨刀机构

由可带动传动齿轮运动的摩擦橡皮轮与切布曲柄轮的离合来控制机构的使用。通过齿轮传动,刀片两边的两根砂带产生方向相反的运动,再配上砂带沿着刀片的上下运动,就可进行直刀刀片的刃磨了。

(二)直刀式裁剪机的特点

1.直刀式裁剪机的结构特点

(1)体积小、重量轻、裁剪灵活性较大,方便手控操作。

(2)结构简单、易于维护、价格较低。

(3)裁刀为直尺形,有一定宽度,裁锐角需分两次进刀。

(4)自动磨刀,能节省(因磨刀更换刀片的)时间,提高裁剪效率。

(5)电动机位于机器上端较重,开动时有震动,会影响精度。

2.直刀式裁剪机的工作特点

(1)适用面广,对于大多数类型面料都可裁剪,能完成一般难度的衣片的裁剪。

(2)裁剪精确度易受操作者使用技术的影响,要求操作工人有较高的技术水平。裁剪精度相对较低。

(3)裁剪厚度大。在不考虑面料质地因素情况下,最大裁剪厚度由刀片长度决定,考虑到直刀的动程,最大裁剪厚度一般为刀片长度减 4cm,一般裁刀长度为 13～33cm。

(三)直刀的类型

对于不同质地的面料,为克服某些面料纤维熔融温度低或面料因某种整理而出现摩擦热量高等带来的问题,直刀式裁剪机可选用不同形状的直刀刀刃,如图 3-12 所示。不同刀刃可适用于不同面料。

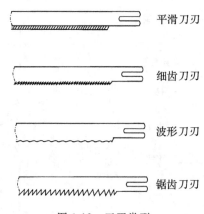

平滑刀刃

细齿刀刃

波形刀刃

锯齿刀刃

图 3-12　刀刃类型

(1)平滑刀刃适用裁剪的面料有棉布、丝绸、精纺呢绒及混纺织物等。

(2)细齿刀刃适用裁剪的面料有较粗的棉麻布、毛织物、合成纤维织物及粗纺呢绒等。

(3)波形刀刃适用裁剪的面料有厚帆布、裘皮及合成皮革等。

(4)锯齿刀刃适用(见表 3-2)于多种合成纤维织物、绒料、粗纺呢的裁剪。

(四)直刀裁剪机的主要技术规格

部分国产直刀往复式裁剪机的主要技术规格如表 3-2 所示。

表 3-2 国产直刀往复式裁剪机的主要技术规格

参数 ＼ 机型	CB-3	Z12	Z12-1	Z12-2	DJI-3	DJI-4D	CJ71-1
最大裁剪厚度（mm）	30	100	150	200	100	70～160	100
功率（W）	40	350	350	350	370	370	400
电压（V）	380	380	380	380	66	220	62
刀片往复次数（次/min）	2800	2800	2800	2800	2800	2800	2800

二、摇臂式直刀裁剪机

该机型是在直刀式裁剪机的基础上研制出来的新型裁剪机械,如图 3-13 所示,为单立柱摇臂式直刀裁剪机。

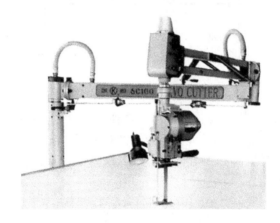

图 3-13 摇臂式直刀裁剪机

摇臂式直刀裁剪机由直刀机与一级摇臂末端连接,升降装置可以调节上下高度,一级摇臂顶端与二级摇臂连接,二级摇臂与立柱相连,可以自由回转完成摆臂动作;立柱底部有行走装置,安装在裁剪台一侧的导轨上,面料层铺放在裁台上,裁剪机运动方向和速度可自如控制。

该类型裁剪机工作原理如图 3-14 所示,裁剪时沿着裁剪图推动直刀机,一级摇臂与二级摇臂以及立柱之间相连接的转轴轮随摇臂的移动而转动,从而满足裁剪动作的需要,当摇臂间夹角超过最佳工作角度(由 α 达到 2α 时),转轴轮即触动行走装置的开关,行走装置自动行走,当摇臂间夹角又处于最佳工作角度 3α 内时,行走装置自动停止运行,以保证直刀裁剪机始终处于最佳的工作状态。

摇臂式直刀裁剪机是国内服装企业使用的新一代裁剪设备,该类设备具有以下工作特点:

(1)摇臂系统和行走装置系统的稳固性保证了直刀机在不同的裁剪位置始终垂直于裁剪台面,摇臂系统自动高度调整功能可以防止裁剪台面的细微不平整,影响裁剪工作。

(2)一级摇臂的升降动作可以使直刀机越过面料从铺料的任何位置开始裁剪。

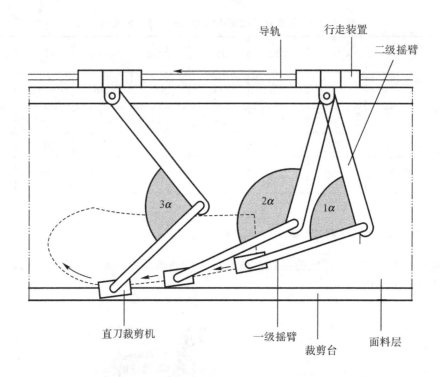

图 3-14　摇臂式裁剪机工作原理图

（3）直刀机的底座较小，裁刀宽度和裁刀支撑件（直刀机立柱）截面面积较小，从而减少了裁剪阻力和转弯阻力，使大小裁片及形状复杂的裁片都可以在一台机器上完成裁剪。

（4）人为因素减少，对操作者的技术要求较低，同时也降低了工人的劳动强度，而裁剪的精确度和生产效率则提高。

表 3-3　部分国产摇臂式直刀裁剪机技术规格

参数 \ 型号	YC09	YC14	YC19	YC24
裁剪厚度（mm）	90	140	190	240
速度（m/min）	15～25	15～25	15～25	15～25
工作台宽度（mm）	1200～2000	1200～2000	1200～2000	1200～2000
电压（V）	220/380	220/380	220/380	220/380
电动机功率（kW）	0.85	0.85	0.85	0.85
适应范围	棉、毛、丝、麻、化纤、皮革等			

三、带刀式裁剪机

带刀式裁剪机又称为"台式裁剪机"，如图 3-15 所示。其裁刀为带状单边开刃的刀片，宽度窄小，约 10mm 左右，厚度 0.5mm，长 2.8～4.4m，环绕在三只或四只转轮上，松紧度可适当调整。其工作原理为电动机驱动转轮，使带刀做单向循环运动。带刀始终垂直于台面，

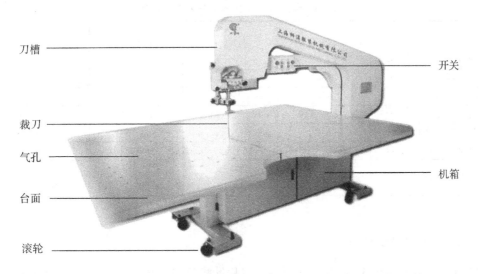

刀槽
开关
裁刀
气孔
台面
机箱
滚轮

图 3-15 带刀式裁剪机

由上而下进行单向运动,与人工向前推动布料的运动合成,切割台面上的面料。图 3-16 为带刀式裁剪机传动示意图。

为使面料在移动过程中各层不会歪斜,带刀式裁剪机大多有气垫装置,工作时开动气泵,空气通过安装在裁剪台内的气孔喷出,使裁剪台与面料间形成气垫,降低了面料的推送阻力,使操作工作顺利完成。

带刀式裁剪机的特点:

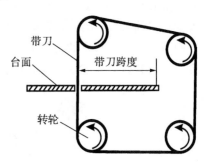

带刀
台面
带刀跨度
转轮

图 3-16 带刀式裁剪机传动示意图

(1)带刀刀片无需立柱支撑,其宽度、厚度大为减小,便于转弯,适应切割小片和形状复杂的裁片,刀由上而下进行单向切割运动,不需要压脚压住面料,裁剪平稳且精确度高。

(2)由于带刀长度较长,散热条件较好,裁剪速度高,生产能力大,最大裁剪厚度可达30cm。配备有磨刀装置,可以边裁剪边磨刀,提高裁剪效率。

(3)该机型带状刀片的刚度和强度较差,容易变形或断裂,适合轻薄柔软面料的裁剪。

(4)带刀式裁剪机由于人工推动布料进行切割,技术要求较高,且需与直刀裁剪机或圆刀裁剪机配合使用,先裁成小块再送到带刀裁剪机进行裁剪,相对费料。

(5)带刀式裁剪机与直刀裁剪机或圆刀裁剪机相比机型较为笨重,占用场地较大。

带刀裁剪机多用于裁片粘衬后的精裁和针织面料的裁剪。表 3-4 所示为部分国产带刀式裁剪机主要技术规格。

表 3-4　国产带刀式裁剪机主要技术规格

型号 参数	DZ-3	DZ-3A	DCQ-1	DCQ-1200
裁剪厚度(mm)	250	250	300	250
钢刀跨度(mm)	820	1200		1200
钢带速度(m/min)	570 或 700	665 或 850	570～936	660～950
电动机功率(kW)	1.1	1.1	0.75	1.1
台面尺寸(mm)	1200×2300	1200×2965	1200×2400	1200×2400
带刀规格(mm)	0.5×13× (3900～4150)	0.5×13× (4670～4870)	0.6×13× 4770	0.5×13× (4525～4605)

四、圆刀式裁剪机

圆刀式裁剪机如图 3-17 和 3-18 所示。刀片形状为圆盘状,直径约为 6～25cm,由于单向向下旋转切割,无压脚。其工作原理为:电动机带动圆刀做单向向下高速旋转,操作人员向前推动机器,两运动的合成构成对面料的切割运动。

圆刀刀片的刀刃形状也有圆形、波齿形、锯齿形三种类型,根据不同种类的面料而进行选择。该设备带有砂轮磨刀装置,使刀片经常保持锋利。

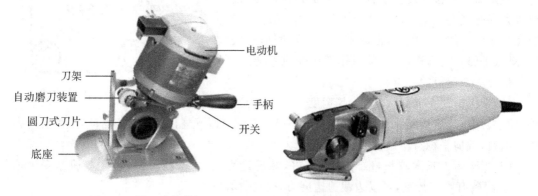

刀架
自动磨刀装置
圆刀式刀片
底座
电动机
手柄
开关

图 3-17　圆刀式裁剪机　　　　　图 3-18　微型圆刀式裁剪机

大尺寸圆刀式裁剪机,多用于对地毯、麻布等硬质材料的直线裁剪;微型手持式圆刀式裁剪机,用于单件或小批量生产中单层或几层面料的裁剪较方便快捷。

圆刀式裁剪机的工作特点:

(1)体积小,轻便,构造简单,振动小。

(2)刀片单向旋转无空程,裁剪直线时速度较快。

(3)因受到圆形刀片直径的限制,裁剪厚度通常不超过刀片的半径。

(4)裁剪曲线裁片和转折角度尖锐的裁片,受到圆形刀片的限制,难以转弯而无法裁剪。

表 3-5 为部分国产圆刀式裁剪机的主要技术规格。

表 3-5　国产圆刀式裁剪机的主要技术规格

型号 参数	YC70-M	WD-1	WDJ1-1
最大裁剪厚度(mm)	70	8	7
电动机功率(kW)	0.2	0.056	0.04
电压(V)	220	220	220
刀片转速(r/min)	3000	2400	1300
重量(kg)	9	0.8	0.6

五、冲压裁剪机

冲压裁剪机是利用安装在机器上的模具刀,对面料进行冲压裁剪,是较为特殊的裁剪设备,主要有机械冲压式裁剪机和油压式冲压裁剪机两种类型,如图 3-19 和 3-20 所示。对于衣领、口袋、袋盖等形状,按衣片加缝边的外形尺寸制作特殊的刀具,通常由钢料制成,切割刃呈封闭形,其形状即为裁片的形状。裁剪时,多层面料放在工作台面上,冲压裁剪机的施压臂安装刀具,一次冲压即可以裁出尺寸准确的多层裁片。

图 3-19　油压式冲压裁剪机

冲压裁剪机的特点:
(1)刀具的造价较高,所以适用于款式比较固定,批量大,裁片精确度要求高的产品。
(2)因刀具与裁片的形状一致,裁剪精确度高,人为因素影响极小。
(3)可裁剪面料的范围较大,操作简单,生产效率高。

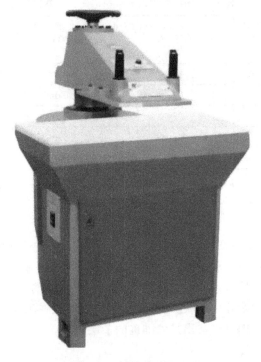

图 3-20　机械冲压式裁剪机

六、电热裁剪机

　　电热裁剪机是专门用于裁剪化纤面料及其他热熔性织物的裁剪设备。国产电热裁剪机如图 3-21 所示,它利用电热丝的温度将与其接触的化纤面料及其他热熔性织物熔融而进行裁剪。

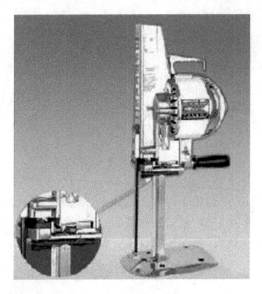

图 3-21　电热裁剪机

电热裁剪机的特点：

（1）裁剪速度快、操作方便，电流装置可根据所裁面料的实际情况进行调节，获得合适的电热丝工作温度。

（2）用做服装衬里的热熔性织物切割时，衬里边缘自然形成一热熔带，能防止织物纱线脱散，简单实用。

七、CAM 自动裁剪机

自动裁剪机是服装 CAM(Computer-aided Manufacture)的主要设备之一，它有效地利用计算机，将服装 CAD 已设计好的排料（裁片）图直接输入到自动裁剪机，进行自动裁剪工作。20 个世纪 80 年代中期在我国某些大型服装企业已开始使用自动裁剪机。使用自动裁剪机的优点是高产出、高精度、高效率，省劳力；其缺点是投资大、投资回收期较长。世界上比较有影响的计算机辅助裁剪系统有美国的 GERBER、法国的 LECTRA、西班牙的 INVESTRONICA 等公司生产的产品。日前，由深圳盈宁科技公司与日本高鸟公司合资的上海高鸟科技公司生产的 TAC-N 系列自动裁剪机已面市出售，这标志着我们有了国产化的、高质量的 CAD/CAM 配套系统，填补了我国服装机械行业在自动裁床方面的"空白"。

（一）自动裁剪机的类型与特点

自动裁剪机按裁剪的层高不同有不同的类型：

如格柏（GERBER）产品中，适用于高层裁剪的 S-91 自动裁剪机，最高裁剪面料厚度高效真空吸压后达 76mm(3 英寸)；适用于中高层裁剪的 GT5250 中高层自动裁剪机，最高裁剪面料厚度在真空压缩后达 52mm(2.05 英寸)；适用于低层裁剪的 GT×L 低层自动裁剪机最高裁剪面料厚度真空压缩后达 25mm(1 英寸)；还有适用于单层裁剪的 DCS3500 履带式裁剪机是单层裁剪系统中产量最高的裁剪系统；另有 DCS2500 单层定台式裁剪机可非常简便地裁剪多种材料和面料，裁剪精度为几千分之一英寸，速度高达 1.1m/s(近 45 英寸/秒)。

中、高层自动裁剪系统裁床产量高，用于大型服装企业大批量生产，一般与铺布机结合使用。

单层或低层自动裁剪系统裁床速度快、精度高、灵活性强，用于小批量订单生产、皮革类生产及裁割样板等。

多层自动裁剪机的刀智能技术(Knife Intelligence TM)保证从布料顶层到底层裁片的一致性。鬃毛砖裁台表面允许刀片插入其中而不会损坏，同时，分区智能真空系统将面料固定以更好地裁剪。裁剪路径智能化技术提高裁剪效率，自动磨刀功能也保证了生产量。

（二）自动裁剪机的组成及功能

不同类型的自动裁剪机的特点虽然有所不同，但设备的主要结构基本相同，都由电脑控制系统、裁床操作系统和真空吸气装置等组成。下面以 GERBER CUTTING EDGE DCS 2500 单层定台式裁剪机为例介绍：

1. 电脑控制系统

电脑控制系统主要包括 PC 机、控制柜和裁剪专业软件。控制柜和 PC 机连接，裁剪图形通过裁剪专业软件处理进行裁床操作控制。

2. 裁床操作系统

裁床操作系统主要包括裁剪台、横梁、刀座（多工位工具架）和横梁控制台（见图 3-22）。

该机裁剪台表面为硬质复合材料,裁床具有多种标准规格,(长度:2.7~35.6m(9~117英尺);宽度:0.91~4.3m(3.6~16.8英尺))以适应不同的需求。裁剪台可同时从裁剪台两端铺放面料,可在半边裁剪台上进行裁剪,而从另一半裁剪台上移出裁片,两端可裁剪不同的面料、样板等,大大满足了裁剪车间的多功能性需求;横梁和刀座的裁剪运动轨迹由电脑中的排料图决定,横梁执行裁剪台纵向(图 3-23X 轴向)的运动,刀架执行裁剪台横向(图 3-23Y 轴向)的运动,这两个运动的合成完成排料图曲线的裁剪工作;多工位工具架装置一次可使用三个工具和一枝笔(见图 3-24),提高了灵活性,并且节省了更换刀具的时间。如果使用多个工作段操作,每个工作段上都可执行不同的操作。横梁控制台则进行操作过程中的对原点、移动横梁、刀架装卸及开机等动作,横梁控制台键盘介绍如图 3-25 所示,横梁控制台显示的操作指示图如图 3-26 所示。

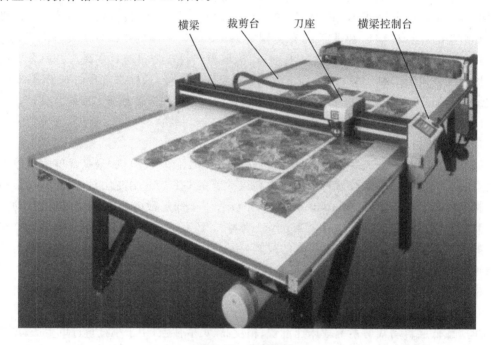

图 3-22　裁床图例

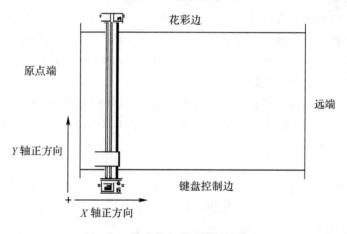

图 3-23　裁床的方位及横梁控制台

图 3-24 多工位工具架

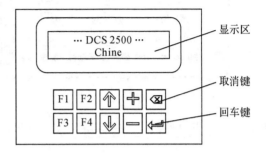

图 3-25 横梁控制台键盘

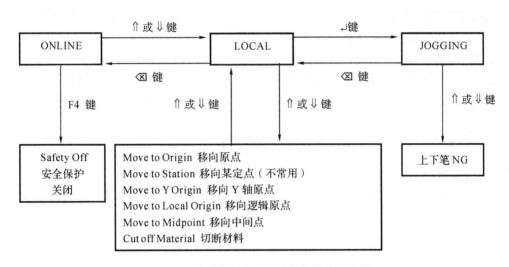

图 3-26 横梁控制台显示的操作指示图示例

3.真空系统

真空系统包括空压机、减压启动箱和吸风管路等,在覆盖塑料薄膜的面料铺好后,抽气压缩面料层厚度并保证待剪材料的稳定。

(三)裁剪工作流程(以 GERBER CUTTING EDGE DCS 2500 裁剪机为例)

1.开机操作(控制柜见图 3-27)

开启总电源及 UPS 或稳压器→开启空压机约过 3～5 分钟→开启减压启动箱→按"启动"按钮开启吸风器→打开 PC 机→开启控制柜电源→按下控制柜上的 RESET 大按键,之后可进行压力调节→双击 PC 机上的"CutWorks"图标→ PC 机出现"Lgnore"对话窗→按下控制柜上的 System Online "RESET"键,"SYSTEM ENERGIZED"绿灯亮起→开机完成。

2.铺设待裁材料

关闭真空→先铺一层打孔纸(可以更好地保护裁床平面)→平整地铺好待裁材料→再铺一层塑料薄膜(以保护真空状态)→启动吸风器(以吸住稳定材料)。

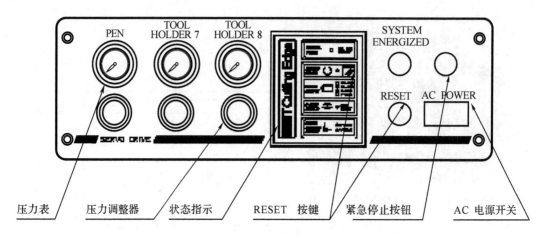

图 3-27　控制柜

3.安装或更换裁剪工具

将横梁控制台操作设定在"Local"方式下,并设定设备"Move to Origin"(这样更方便安装与更换)→用专用扳手卸下或安装上所需工具。

注意:安装尖刀时,需先用卡尺测量待裁材料的厚度,再追加约 0.25mm(0.01 英寸)的修正值,作为调整尖刀伸出部分的实际长度。裁剪工具如图 3-28 所示,一般情况下,圆刀用于裁布;尖刀用于切割纸板;直刻刀、V 形刻刀、冲孔刀等用于打对位记号、打孔等标记。

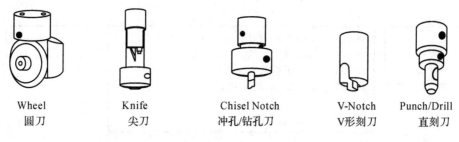

| Wheel | Knife | Chisel Notch | V-Notch | Punch/Drill |
| 圆刀 | 尖刀 | 冲孔/钻孔刀 | V形刻刀 | 直刻刀 |

图 3-28　裁剪工具

4.进行裁剪

在 PC 机上输入或打开一个裁剪文件(请注意,打开文件的类型要正确)→编辑材料定义→进行图层设定(含配置裁剪工具)→将横梁控制台上的激光灯对准材料的原点位置(此点则为 Locai Origin)或进行初始化→将设备置于 Online 状态→检查各工具气压值→点击 PC 机上的"Cut Job"图标→按下横梁控制台上的回车键"ENTER",设备开始裁剪至完成。

5.关机操作

关闭所有打开的文件 →关闭"Cut Works"软件→关闭 Windows→关闭主机与显示器→关闭空压机→关闭控制柜电源→关闭 UPS 或稳压器及总开关。

八、非机械接触式裁剪机

1.激光裁剪机

高速激光裁剪机,是利用三维直线穿越装置,使其能够产生密集的静释型高能激光束,通过聚光切割嘴把光束聚焦后,焦点落到铺好的面料上,来熔融纤维材料,通过托架和滑座

沿 X,Y 轴方向的移动进行裁剪的。

激光裁剪的布边比普通裁剪机的切边硬实、光滑、干净、利落,不会有毛头、散纱。切口宽度 0.2mm。激光裁剪能力为 10 层布,最大误差为 $\pm 0.05mm$,实现了高速、高效操作。

日本的三菱电气公司已研制成高速激光裁剪机,其激光类型为二氧化碳气体;发生器类型为三维直线穿越,静释感应;额定输出为单束 500W。

激光裁剪的特点是无机械接触、速度快、精度高,可裁任意形状;裁剪厚度小,费用高,粉尘大。

2.喷水裁剪机

喷水裁剪机是利用高压水束(400MPa,2.7 倍音速,孔径 0.076~0.381mm)进行裁剪。

喷水裁剪机由可产生 400MPa 水流的高压泵、裁剪装置、数控装置和制作裁样的电脑辅助设计装置组成。全套设备的设计不仅要考虑裁剪,而且要辅以送料装置。送料装置一种是用传送带给少数几层布料;另一种是由喷射水流裁剪机自动地把多至 10 层料从拉布装置上拉至裁剪部位,可连续拉布裁剪。由于高压喷射水流在切断布料后仍有很大的能量,所以裁剪台的台面不采用普遍切刀裁剪机的毛刷式台面,而是使用特制的蜂窝状台面。这种台面由特殊硬化处理的钢片制成,喷射水流对其影响很小,因此寿命很长。

与旧的裁剪方法相比,采用喷射水流裁剪的特点是:

(1)喷射水流用作点状切割工具,对所有方向都是锋利的。可裁任意形状,裁剪厚度较激光大(38mm)。

(2)裁开的缝很细,所有相邻裁样的划线可以紧靠在一起,比之冲压裁剪和模板裁剪,布料利用率可以提高 5%~15%。

(3)喷射水流始终是锋利的,可以免去调换切刀之类停机时间。

(4)水流是冷的,不会造成多层裁剪时的粘结现象。

(5)裁剪方向是垂直的,因此在裁剪多层布料时,上下层料片的外形均匀一致,精度高。

(6)喷射水流对布料没有推力,不需要用真空技术来固定布料。

(7)能量高度集中,裁剪速度可高达 60m/min。

(8)布屑量比用切刀裁剪少,有利于净化环境。

(9)面料边缘潮湿,水流回收困难,设备投资及维修费用大。

德国杜克普公司的喷射水流裁剪机已广泛地用于汽车厂和软垫厂中难以用机械式裁剪的皮革和布料。

第三节　裁剪辅助设备

裁剪辅助设备是指在多层铺布进行裁剪后,对裁片进行必要技术处理的设备,主要有以下几种。

一、钻孔机

在服装裁剪过程中,除了将面料裁成衣片,还需要在衣片上作出缝制时参照的定位标记,如确定口袋、褶裥、装饰位置等。打定位孔通常使用钻孔机,如图 3-29 和 3-30 所示。钻孔机的温控器可以控制钻针的温度,提高钻孔的效率和质量,加热温度可根据面料进行调节。钻空机底盘还装有水平仪,以确定操作中钻孔角度是否准确。钻孔时应根据被加工孔的深度调节定尺,以确定厚度。另外,可按实际需要调换合适的钻套和钻针。一般钻针针粗有 1.2mm,1.8mm,2.2mm 几种,钻深可达 200mm。

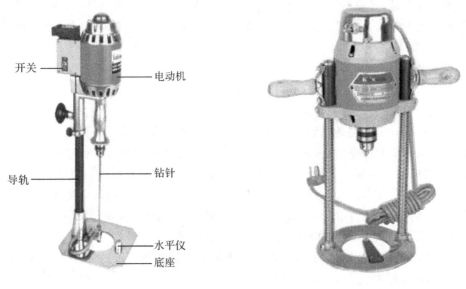

图 3-29　钻孔机 　　　　　　　　　　　　　图 3-30　双导轨钻孔机

　　钻孔机的工作特点:可用于多种面料;可对较厚的多层面料钻孔,生产效率高;操作技术简单,容易掌握;钻针钻孔时,如温度或钻针的尺寸使用不当,会对面料纤维组织产生损伤;若出现问题难以补救。

二、电热切口机

　　如图 3-31 所示为电热切口机。该机用于在多层裁片边缘的特定位置烙出 V 型切口,切痕明显,以示出缝纫位置。有多级加热温度控制装置,可适应不同的面料,并装有测量仪,可以控制切口的长度。

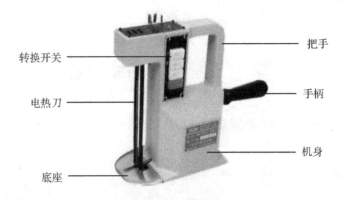

图 3-31　电热切口机

电热切口机的工作特点:易于操作,使用方便;裁片的切口整齐且不会消失,即使较松散的织物也如此；对不熔融材质的面料不适用。

三、线钉机

线钉机是手工操作的定位设备如图 3-32 所示。对于面料纤维组织较为松散、熔点较低或弹性较大的面料，常常使用线钉机定位。操作时，线钉机上的钩针将连续的缝线带过穿刺的面料层，然后将每层之间连接的缝线剪断，留在面料上的线段长度不能太短以免脱落，这样定位标记就完成了。

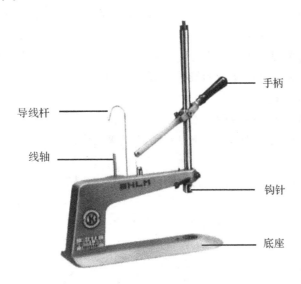

导线杆 —————
线轴 —————

手柄 —————
钩针 —————
底座 —————

图 3-32 线钉机

线钉机的工作特点是该机与钻孔机的功能相似，突出的优点是安全可靠，不会损伤面料，出现定位问题时可以改正；不利的方面是操作时工人需要将每层缝线剪断，缝制结束时，要将缝线摘除。

第四节 裁剪设备的运用与保养

一、裁剪设备的选用与操作

1.合理选用裁剪设备

裁剪面料时应该根据面料的特性和精度要求选用裁剪机机型和刀片、刀刃。如普通的面料和一般的精度要求可选用直刀裁剪机裁剪；薄而软及精度要求高的面料，可先用直刀开成大块，再用带刀精裁；熔点低的布料应选用低速的裁剪机；裁剪精度要求高及批量大的裁片，像贴布绣的贴片、男衬衫领和袖克夫等小片可选用冲压裁剪机；硬度大的面料可选用波型或锯齿型刀刃；企业规模大，生产批量大，要求高效率高精度裁剪的可选用自动裁床等等。

2.注意裁剪操作精确度

(1)沿线裁剪，做到不偏刀，减少裁出衣片与样板之间的误差。

(2)保持裁剪机的裁刀与面料垂直，使衣片上下层保持一致。

（3）铺料层数不超过裁剪机适用能力，保证裁剪精确度。

（4）裁剪辅助设备的应用也要保证刀刃和钻针与衣片保持垂直，使上下衣片标记一致。

二、裁剪机的保养

裁剪机的保养是合理、高效使用设备的重要环节。使裁剪机在充分发挥其功能的同时，延长使用寿命，提高裁剪机的使用价值，为企业节省大量资金。

1. 保持清洁

经常擦拭机械外表部件，容易藏存碎布和污垢的部位要更加注意清洁。

2. 保证处于机械润滑状态

裁剪机工作期间为保证机械的良好运行，其润滑状态就非常重要，裁剪机的机械驱动部位和传动部位以及裁刀运动时接触的机械部位，要按时注入专用润滑机油。

3. 按规定更换易损零件

裁剪刀以及容易产生机械疲劳和磨损的工作零部件。因为工作强度高，需要操作者时常检查，如果发现问题就要及时更换，保证机械的正常工作。

4. 用电安全

为使裁剪机的操作安全，检查配备的变压器电压状态是否稳定。为防止漏电，要检查地线是否安装好。

第四章　粘合设备及其运用

第一节　概　述

　　在服装制作过程中,粘合工序是介于裁剪和缝制之间的工艺过程,即当服装裁剪完毕后,对裁片中需要贴粘合衬的衣片运用粘合设备进行粘衬加工。粘合衬是表面涂有热熔胶(如聚乙烯、聚酰胺、聚氯乙烯等)的有纺衬布或无纺衬布。粘合就是将粘合衬的胶面与衣片的反面贴放在一起,在一定的温度和压力作用下,并经过一定的时间,使两者牢固的贴合在一起的工艺过程;它是利用热熔胶在温度升高到熔点温度时,会从固态变成粘液态,冷却后又会变成固态这一特性实现的。粘合工艺可以使服装挺括美观、轻薄柔软,具有良好的保型性能的同时,还具有耐干洗、水洗和耐磨损的性能。因此,粘合工艺对于提高服装成品品质有十分重要的意义。目前,粘合工艺早已在服装工业生产中被广泛运用。完成粘合工艺可通过熨斗熨烫和粘合机粘合两种方式来实现。

一、粘合工艺的基本过程

　　就熨斗熨烫的粘合工艺而言,其过程可分为四个组成阶段:第一是准备阶段,即根据衣片所需粘衬部位的形状将粘合衬裁剪好,并将粘合衬胶面和面料反面平整地贴放在一起;一般将粘合衬位于面料之上放置,注意粘合衬的边缘不能超出衣片的边缘,否则会污染熨斗底板或烫台布。第二是粘合阶段,即将有一定温度的熨斗在放置好的待粘物上均匀地压过一遍,使粘合衬的热熔胶初步受热融化,使粘合物上下两层定位,不发生相对位移,该过程要注意保持粘合物的上下两层自然平整。第三是扩散熔合阶段,这时要用相当温度(高于前一阶段的温度)的熨斗,并使用一定的压力在每一个部位进行一定时间的压烫,直到所有部位都烫到为止。这一阶段在整个粘合工艺中起着最关键的作用,主要是在温度和压力的作用下,经过一定的时间,使热熔胶和衣片纤维分子运动加快并相互扩散渗透,最后导致粘合物上下两层互相熔合为一体。第四是冷却定型阶段,使粘合好的衣片冷却至室温后起到定型的作用。

　　而粘合机粘合的准备阶段是将衣片和粘衬预先整理好,辊式粘合机常常先用熨斗点烫后再送入机器;粘合阶段(包含了扩散熔合阶段)是由加热系统和加压系统的共同作用,并在一定温度、压力条件下持续特定的时间,使热熔胶扩散到衣片纤维组织内实现熔合;冷却定型阶段则由自然空气冷、风冷和水冷的不同形式来决定冷却速度的快慢。

二、粘合工艺的基本要素

从粘合工艺的过程中可以看到,温度、压力和时间是粘合工艺的三个基本要素。

(一)粘合温度

通常把从粘合机温度表上读出的加热器温度叫做粘合温度;把实际粘合时面料与粘合衬之间的温度叫做熔压面温度;把能使热熔胶获得最佳粘合效果的熔压面温度范围叫做胶粘温度。三者之间的关系一般为:粘合温度＞熔压面温度≥热熔胶胶粘温度;由于热量在传递过程中会有所损失,因此通常考虑热损耗温度为 20～30℃,具体跟不同的设备以及气温有关,也可以通过开机试验来测定。根据热熔胶胶粘温度和热损耗温度可以计算出粘合温度,即:粘合温度＝胶粘温度＋热损耗温度。

不同粘合衬使用不同的热熔胶,由于熔点温度范围的不同,其胶粘温度范围也是不同的。常用热熔胶的胶粘温度范围如表 4-1 所示。粘合温度太低会使粘合衬粘不上或粘合后的剥离强度降低;粘合温度太高则会使粘合衬产生渗胶现象,部分热熔胶渗出布面而污染衣片;有的粘合衬会因温度过高而导致热熔胶老化失效,丧失粘合性能;粘合温度过高还容易引起衣片变质发黄、热缩性增大等不良后果,应尽量避免此类现象的发生。

表 4-1　常用热熔胶的胶粘温度范围

热熔胶种类	熔点温度范围(℃)	胶粘温度范围(℃)
高压聚乙烯	100～120	130～160
低压聚乙烯	125～132	150～170
聚醋酸乙烯	80～95	120～150
乙烯—醋酸乙烯共聚物	75～90	80～100
皂化乙烯—醋酸乙烯共聚物	100～120	100～120
外衣衬用聚酰胺	90～135	130～160
裘皮、皮革用聚酰胺	75～90	80～95
聚酯	115～125	140～160

(二)粘合压力

粘合时采用压力要适当,具体视粘合情况而定,以获得最佳剥离强度而又不产生负面影响为宜。压力太小,不利于粘合物上下层之间的传热,影响热熔胶的融化和扩散渗透性能,导致剥离强度降低;压力过大,则易造成渗胶现象以及衣片表面产生极光等。

(三)粘合时间

同样也要根据不同的粘合情况来选择适当的粘合时间,以获得最佳剥离强度而又不产生负面影响为宜。时间太短不利于粘合进程的进行,容易导致剥离强度降低;时间太长则容易出现渗胶、面料泛黄等情况。

在使用粘合机进行粘合时,以上三要素是事先设定好的,这三要素的相关参数选择得恰当与否直接关系到产品的粘合质量。

第二节　粘合机的种类、特性与工作原理

一、粘合机的种类

目前粘合机的种类和机型有很多,国外各公司生产的粘合机都有自己的型号,而国内各公司生产的粘合机其型号和规格也很不统一。

（一）粘合机的型号表示

粘合机的型号表示中通常包含了以下几方面含义。

(1)作用类别:粘合(通常以字母表示,国产型号中分别以汉语拼音的第一个大写字母表示为"NH")。

(2)加压方式:板式加压或辊式加压(国产型号中分别以"板"和"辊"的汉语拼音的第一个大写字母表示为"B"和"G")。

(3)工作面的大小:板式粘合机以面积(长×宽)表示;辊式粘合机以传送带的宽度(以毫米为单位)表示。

(4)冷却方式:风冷(国产型号中以"风"的第一个大写拼音字母"F"表示)、水冷(国产型号中以"水"的第一个大写拼音字母"S"表示)和自然冷却(一般不予表示)。

(5)热源方式:目前以电热式为多。(进口粘合机中的电热用"E"表示,是 electricial 的第一个字母)

如 NHG 1000 F 为一款国产型号的粘合机,其表示含义分别为:

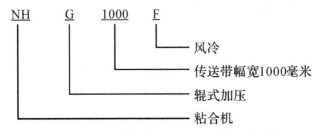

又如 SR-900ES 为一款进口型号的粘合机,其表示含义分别为:

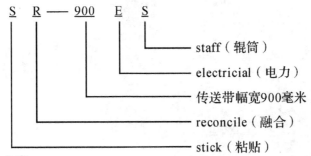

（二）粘合机的分类

常见粘合机的分类方式如下:

(1)按加压方式分:有板式加压、辊式加压;

（2）按工作流程方式分：有连续工作式（直线通过式和直线返回式）、间断工作式；

（3）按压力源分：有机械式、液压式、气动式；

（4）按热源分：有电热式、汽热式、微波热源式、红外线式；

（5）按冷却方式分：有自然冷却式、风冷式、水冷式。

其中按加压方式分类最为常见，即分为板式粘合机和辊式粘合机。

二、粘合机主要工作机构的组成、工作原理与特性

（一）辊式粘合机的主要机构及工作原理

辊式粘合机根据工件输送方式不同有直线式、回转式之分，虽然其型号不同、生产厂家不同，但主要机构及其工作原理基本相同。如图 4-1 所示为回转式连续辊式粘合机的外形图，如图 4-2 所示为直线式连续辊式粘合机的外形图。

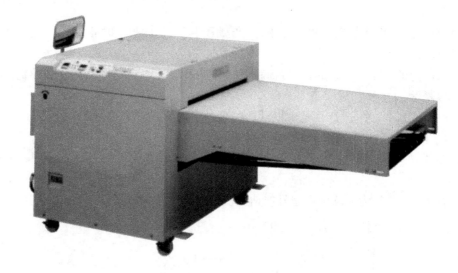

图 4-1　回转式连续辊式粘合机

图 4-2　直线式连续辊式粘合机

图 4-3 所示为直线式连续辊式粘合机基本结构示意图。其主要工作机构由输送机构、加热机构、加压机构、冷却装置等部分组成。输送机构的主要构件是上下输送带和支撑辊、调节辊及调速电机与链轮、链条;加压机构的主要构件是压力辊与压力簧;加热机构的主要构件是发热板与温控器;冷却装置的主要构件由冷却方式决定,一般自然冷却无需加装机构,风冷的主要装置是风扇,水冷的主要装置是冷却系统。粘合的工作程序为粘合材料从机器 A 向进入,在上下带之间加热区内被加热,衬布上的热溶胶熔融,到达上下压力辊之间时被剂压,使面布、衬布粘合在一起,从机器 B 方出来冷却定型。各主要构件的工作原理与作用如下:

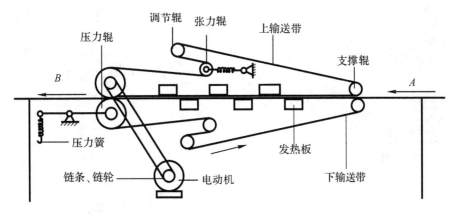

图 4-3　直线式连续辊式粘合机基本结构示意图

(1)输送带——用高强度的织物涂上耐高温的硅胶制成。其作用是传递热能、输送加工材料。机器有上下两带,长度一般相等。它的宽度等同于机器型号上的数字,如 SR-900 粘合机,就表示它的宽度为 90cm。

(2)调速电机及链轮、链条——要使上下输送带运转,必须给机器提供动力,辊式粘合机用能调速的电动机通过链轮、链条带动压力辊旋转,并使其他辊和上下输送带被动旋转。使用调速电机,使得机器的转速得到控制,使用链轮、链条,能相对远距离传输动力,并保持传动比不变。

(3)支撑辊、调节辊——用金属加工成的圆辊,两头装有轴承,它的作用是支撑开上下粘合带,但各辊的作用又有不同。两端装有拉簧并拉紧上下带的辊为张力辊;能自动调整上下带两端紧松的辊为调节辊,是自动调偏装置的执行件,机器在运转过程中,由于上下带两端的张力差异,会造成带子向一边偏转的现象,以致上下带卡在机器机件上,造成损坏。因此,机器都设有自动调偏装置,它的原理是,带子一旦触及边缘的开关,即输出信号,使气阀或其他机械机构作出调整,调节辊动作,带子向另一边偏转。

(4)压力辊——我们把金属辊上附有硅胶,并能产生压力的二辊叫做压力辊,硅胶有一定的弹性,加压时通过弹性变形使轴向压力均匀、适度,上压辊为主动辊。

(5)发热板——内装有电热丝的金属板,用瓷或云母绝缘,金属表面光滑,通电后发热,是粘合机热能的产生源。有上下两组,紧贴上下带。

(6)温控器——为了使机器的温度能得到控制,机器设有自动调温装置,它的核心是一个温控器,能设定温度和显示热电偶传感过来的温度,并进行比较,输出电信号,控制机器加热系统的工作温度。

该机在实际运作中,工作连续、粘合物长度不受限制、生产效率高、适合大面积工件的粘合。但由于采用辊式动态线接触的加压方式,使粘合物上下层之间易产生相对移动,且加压时间受转速控制,调节范围较小。

(二)板式粘合机的主要机构及工作原理

板式粘合机有推拉式、回转式、步进式等几种形式。如图4-4所示为推拉式间歇板式粘合机的外形图,图4-5所示为两工位回转式间歇板式粘合机的外形图。

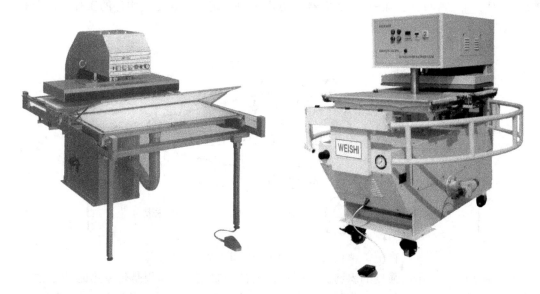

图 4-4　推拉式板式粘合机　　　　　　图 4-5　回转式板式粘合机

推拉式板式粘合机有两个台面轮换工作,加热、加压同时进行,没有冷却系统,结构简单,价格较低。

回转式板式粘合机分别有两工位、三工位、四工位的。两工位回转式板式粘合机,没有冷却系统,两工位轮换工作;三工位回转式板式粘合机,其中一个是冷却工位;四工位回转式板式粘合机,则把加热、加压过程分开,两工位为一组,按设定的节拍自动回转,有利于提高粘合质量,但价格高且占地面积大。

步进式板式粘合机结合板式粘合机粘合质量好和辊式粘合机工作效率高的优点。如图4-6所示为步进式间歇板式粘合机的结构示意图,其主要工作机构由输送机构、加热机构、加压机构、冷却装置等组成。其作用分别为:

(1)输送机构——采用链传动系统,由无级变速电机驱动链轮,再由链条带动上下两组输送带转动输送被粘工件,上下两组输送带的转向相反。

(2)加热、加压机构——由上加热板和下顶板组成。上加热板固定不动,内装有电热管可加热;下顶板可活动,由顶板、液压缸和复位弹簧等组成。当粘合材料沿着下输送带从机器A方向进入,到达上加热板位置时液压缸开始工作,下顶板上升,与上加热板吻合加压一定的时间,完成粘合过程;然后输送带继续前进一段距离,使粘合材料进入冷却部位。

(3)冷却装置——由上下冷却平板两组装置组成。当粘合材料随着传送带前进到上冷却平板位置时,受液压系统控制的下冷却平板上升与上冷却平板吻合,粘合材料便立即被急

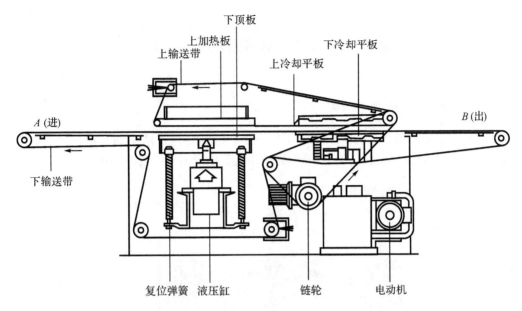

图 4-6 步进式板式粘合机结构示意图

剧冷却。

下加压顶板和下冷却板都由液压系统控制，动作同步，前一个工件冷却的同时后一工件在粘合，相当于一次动作完成一个工件的加工。

板式粘合机采用上下面接触的加压方式，粘合物夹在中间静止不动，加压时间可自由设定，有利于保证粘合质量；温度、压力和时间三要素在较大范围均连续可调，所以适用范围较广。

(三)板式和辊式粘合机的性能

板式和辊式粘合机在性能上的主要差异，如表 4-2 所示。

表 4-2　板式、辊式粘合机对照表

名称	工作面	工作范围	工作方式	加压状态	加压方式	加压面积	加压时间
板式粘合机	板式台面	长、宽均有限	间歇	静态加压	面接触	大	可自由调节
辊式粘合机	传送带表面	宽度一定、长度无限	连续	动态加压	线接触	小	较短

从表 4-2 中我们可以简单看出，板式粘合机加压面积大、加压时间可自由调节，因此对于粘合质量要求的适用范围比较广；辊式粘合机对于粘合面积的适用范围比较广，连续作业的生产效率比较高。

目前，辊式粘合机在各大、中、小型服装企业中被广泛采用；功能先进的板式粘合机，虽然价格昂贵，也被部分实力雄厚的高品质服装企业所采用。

第三节　粘合机的使用与保养

一、粘合机的基本操作

使用粘合机完成粘合工艺一般包含了准备、试片、粘合以及结束四个阶段。下面以图 4-7 所示的 SR-900ES 型粘合机为例,介绍在使用过程中的四个阶段的操作。

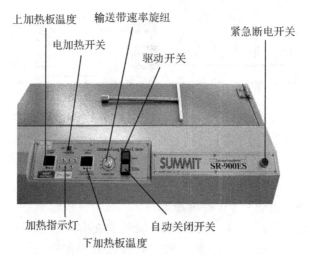

图 4-7　SR-900ES 型粘合机

（1）准备阶段

准备阶段包括两个方面:一是粘合机的准备,依次为接通总电源,启动驱动开关,输送带开始工作;启动电加热开关,设定上加热板温度和下加热板温度;由于在传送粘合物时一般将粘合衬在上面、衣片在下面放置,因此通常上加热板温度依据所用粘合衬热熔胶的胶粘温度而定,下加热板温度比上面降低 20~30℃;加热指示灯亮,加热板开始升温。二是对粘合物的准备,整理好相应的衣片和粘合衬,将粘合衬胶面和衣片反面平整地贴放好(一般要用熨斗作点烫粘合固定)。

(2)试片阶段

试片阶段依次为,当显示的上下加热板温度分别达到设定温度时,表示升温过程结束。调整压力阀至适当的压力;调整输送带速率旋钮选择速度;将粘合物从送料口一侧送入输送带,经过粘合后从接料口一侧取出,待衣片冷却定型后采用撕裂目测法或用剥离强度仪器检验粘合质量。在撕裂过程中,可以感觉到粘合的牢度,观察粘合面,如果粘痕密而均匀,胶未渗出衣片和衬布表面,说明粘合质量较好;否则,要调整加热板温度、压力阀压力和输送带速度,并不断经过试片检验以获得最佳粘合效果。试片的目的就是为了确定最佳工作参数,即最合适的温度、时间(速度)和压力。

(3)粘合阶段

粘合生产阶段即不断地从送料台把准备好的粘合物送进输送带,从接料台接粘合好的衣片出输送带。操作中要严格遵守相关规定,不许将粘合物重叠送入,不许将其他杂物送入等。万一出现输送带被卡住或停电等意外情况,应立即按下紧急断电开关,启用手动摇柄来转动输送带,以防止加热板温度过高而烧坏粘合物或传送带。

(4)结束阶段

结束阶段依次为:按下自动关闭开关,此时加热板温度逐渐降低而输送带继续工作,也可以将输送带速度调快以加快散热;当加热板温度降低为一定数值时,输送带自动停止工作,此时整机停止工作;关闭总电源。

在粘合机的使用过程中,一定要注意使粘合衬的边缘比衣片的边缘缩进 3~5mm,以保证输送带或台面不会被粘合衬沾染;同时也要注意保持送料台面的卫生,防止线头布屑等污染输送带。每一次作业结束后,要将压力阀的压力调整为零,使得相关机构处于放松状态。

二、粘合机的选择

根据服装制作中对粘合工作面大小的需要来选用相应型号的粘合机。不同型号的粘合机适用的工作面大小是不一样的。粘合机型号越大,其适用工作面越大;粘合机型号越小,其适用工作面越小。例如衬衫类产品,其最大粘衬部位一般是领子,因此选用小型粘合机即可;又如西服类产品,其需要粘衬的最大部位通常为整个前衣片,因此要选用较大型的粘合机才行。

根据服装生产批量对工艺进度的要求来选用相应型号的粘合机。粘合机型号越大,在功率增大的同时,由于适用工作面大而允许同时完成更多衣片的粘合工艺,从而大大提高了生产效率。因此,日产高的大批量生产企业要选用型号大的粘合机;日产较低的小批量生产企业则也可以选用型号小的粘合机。

部分板式粘合机的主要技术规格见表 4-3。

部分国产辊式粘合机的主要技术规格见表 4-4。

部分进口辊式粘合机的主要技术规格见表 4-5。

表 4-3　部分板式粘合机的主要技术规格

	NHJ-H800 型（WEISHI）上海威士机械	NHJ-H640 型（WEISHI）上海威士机械	NHBY1200×600（双领）安徽轻工机械	NHB-A1000×600（双领）安徽轻工机械	JAK-711/-712（JUKI）日本重机
工作压力（MPa）	0～2.2(kg/cm²)	0～3.4(kg/cm²)	0～0.4	0～0.4	0～0.39
工作面积（mm）	320×800	350×640	1200×600	1000×600	1180×430
加热温度（℃）	常温～200	常温～200	常温～300	常温～300	
工作时间（min）	可调节	可调节	0～2	0～2	
电功率（kW）	4.8	5.5	18	12	4
冷却方式		水冷	水冷		
外形尺寸（mm）	1200×1200×2100	2100×1850×1550	3240×1930×1600	1080×1290×1400	
机器净重（kg）	750	1000	2800	830	
备注	转台板式	转台板式	步进板式	小车板式	

表 4-4　部分国产辊式粘合机的主要技术规格

	OP-450GS 型（OSHIMA）台湾宝宇机械	NHJ-A500D 型（WEISHI）上海威士机械	NHG-600A-J 型（WEISHI）上海威士机械	NHG-900A-J 型（WEISHI）上海威士机械	NHJ-Q1000B 型（WEISHI）上海威士机械
工作压力（MPa）	0～0.1	0～0.15	0～0.4	0～0.4	0～0.5
粘合宽度（mm）	450	500	600	900	1000
加热温度（℃）	常温～230	常温～200	常温～200	常温～200	常温～200
传送带速度（m/min）	热时间5～20s	5.8	0～8	0～8	0～10
电功率（kW）	3.6	4.8	7.2	10.8	24
冷却方式	风冷	风冷	风冷	风冷	风冷
外形尺寸（mm）	1630×900×330	1800×990×1100（连支架）	2486×1150×1185	2800×1500×1235	4180×1730×1270
机器净重（kg）	180	180	650	750	1000
备注	直线通过式	直线通过式	直线返回式	直线返回式	直线返回式

表 4-5　部分进口辊式粘合机的主要技术规格

	SR-200（SUMMIT）日本顶峰	SR-300（SUMMIT）日本顶峰	SR-400（SUMMIT）日本顶峰	SR-600ES（SUMMIT）日本顶峰	SR-900ES（SUMMIT）日本顶峰
工作压力（kg/cm²）	0～1	0～1	0～1	0～4	0～4
粘合宽度（mm）	180	280	380	590	890
加热温度（℃）	常温～200	常温～200	常温～200	常温～200	常温～200
传送带速率	0～10(m/min)	0～10(m/min)	0～10(m/min)	热时间4～24(s)	热时间4～24(s)
电功率（kW）	2	2.4	3.6	8	10.8
外形尺寸（mm）	600×1910×255	720×1930×265	820×1930×380	1055×3055×1100	1380×3155×1100
机器净重（kg）	73	87	100	380	450
备注	直线通过式	直线通过式	直线通过式	直线返回式	直线返回式

三、粘合机的保养

粘合机属于价值昂贵的专业设备,为了确保安全生产作业,一般应由专人负责保养。常见保养如下:

(1)传送带的保养:定期用专门清洁剂(如煤油、硅油等)清洗并清除残渣。

(2)传动部分的保养:各驱动机构(如齿轮、链轮等)要定期注油,保持良好的润滑。

(3)净化器的清洁:经常清除净化器刮刀上的残渣。

(4)除尘:及时清除粘合机内部各部件和通风管道中的布毛和灰尘等。

第五章　缝纫工程设备及其应用

第一节　缝制设备基础知识

一、缝纫机分类及型号表示法

将衣片按其要求的缝型连接成衣的加工设备称为缝纫设备。缝纫设备是服装加工机械中机种最多、使用最普遍的设备。目前,世界上已有六千多种性能各异的缝纫机,并且已发展了高度专业化、高科技含量的机种。

1.缝纫机的分类

缝纫机从不同的角度可有以下几种分类:

(1)按使用对象
{
家用缝纫机(J);
工业用缝纫机(G);
服务行业用缝纫机(F)。
}

(2)按驱动方式
{
脚踏式缝纫机(家用缝纫机);
手摇式缝纫机(街头补鞋机);
电动式缝纫机(工业用缝纫机)。
}

(3)按速度
{
低速缝纫机($n<2000$r/min);
中速缝纫机($n=2000\sim3000$r/min);
高速缝纫机($n=3000\sim5000$r/min);
超高速缝纫机($n>5000$r/min)。
}

(4)按用途
{
通用缝纫机——平缝机、包缝机、链缝机、绷缝机;
专用缝纫机——套结机、锁眼机、钉扣机、缲边机等;
装饰缝纫机——曲折缝缝纫机、月牙缝缝纫机、绣花机、绗缝机、珠边机等;
特种缝纫机——自动开袋机、自动装袋机、自动省缝机、自动长缝机及自动模板缝小片机等。
}

(5)按线迹结构 {
链式线迹缝纫机(单线-100 型线迹、双线-400 型线迹);
梭式线迹缝纫机(300 型线迹);
包缝线迹缝纫机(500 型线迹);
绷缝线迹缝纫机(400 型线迹、600 型线迹);
复合式缝纫机(无对应标准代号,如圆头锁眼机线迹);
熔接缝纫机(常采用超声波和高频高速自控粘合)。
}

线迹类型见第五章第二节。

(6)按机头外形
(如图 5-1 所示) {
平板式缝纫机(分短臂或长臂,特点为缝纫位置与台板处于同一平面,
　　平缝机、链缝机多采用此种机头);
平台式缝纫机(缝纫位置高出台板平面成平台状,多见于包缝机、绷
　　缝机机头);
悬筒式缝纫机(缝纫位置高出台板面成筒形悬臂状,多见于缝袖口
　　裤口的绷缝机);
立柱式缝纫机(缝纫位置高出台板面成立柱状,多见于制帽、制鞋
　　用缝纫机);
肘形式缝纫机(缝纫位置高出台板面成筒形弯折状,用于卷接袖侧缝
　　和裤侧缝的链缝机、绷缝机);
箱体式缝纫机(机头似块状的箱子,无支撑缝料部位;裘皮拼接用的
　　单线包缝机等采用)。
}

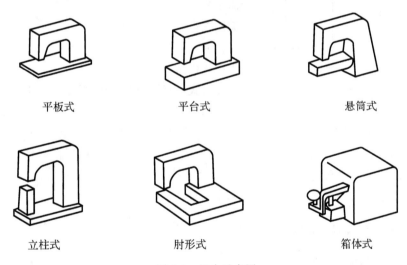

平板式　　　　　平台式　　　　　悬筒式

立柱式　　　　　肘形式　　　　　箱体式

图 5-1　机头示意图

2.缝纫机的型号表示方法

国产缝纫机的统一型号标准最先由轻工业部于 1958 年颁布,实施后几经修改,1975 年又颁布了新的部颁标准 QB159—1975《缝纫机产品编号规则》。随着缝纫机产品品种的不断发展,原标准已不适应表达,于 1984 年颁布了国标 GB4514—1984《缝纫机产品型号编制规则》(部分表格见附录),1985 年 3 月 1 日起实施。其机头型号的表示方式是:

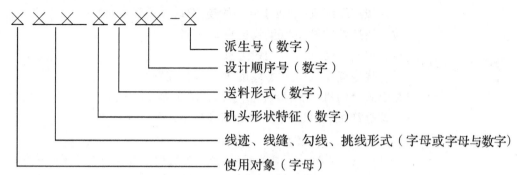

派生号（数字）

设计顺序号（数字）

送料形式（数字）

机头形状特征（数字）

线迹、线缝、勾线、挑线形式（字母或字母与数字）

使用对象（字母）

国标规定当机头是下送料时,A,B,C,G,H 系列的平板式机体,K,N 系列的平台式机体,其机体形状和送料形式的代号可以省略。设计顺序号以两位数表示,当顺序号不满 10,而左边无阿拉伯数字时,可用个位数表示。

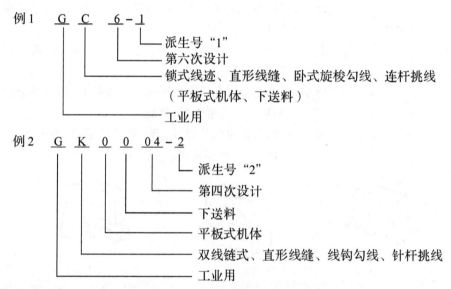

例1　G C 6-1

派生号"1"

第六次设计

锁式线迹、直形线缝、卧式旋梭勾线、连杆挑线

（平板式机体、下送料）

工业用

例2　G K 0 0 04-2

派生号"2"

第四次设计

下送料

平板式机体

双线链式、直形线缝、线钩勾线、针杆挑线

工业用

需要说明的是,以上缝纫机型号表示标准颁布于1984年,近年来由于体制改革的深化和市场经济的日趋成熟以及合资、独资及民营企业产品的问世等原因,在型号表示上出现了一些变化,如 GN6 系列包缝机中 GN6-5 机型,"5"表示五线,中国飞跃集团的缝纫机编号用 FY 开头表示飞跃产品,没有采用国标的表示方法。

二、缝纫机线迹及其形成原理

(一)线迹的分类和标准

按国际标准(ISO 4915—1981)线迹共分六大系列 88 种:

(1)100 系列——单线链式线迹,7 种;

(2)200 系列——仿手工线迹,13 种;

(3)300 系列——锁式线迹,27 种;

(4)400 系列——多线链式线迹,17 种;

(5)500 系列——包缝链式线迹,15 种;

(6)600 系列——覆盖链式线迹,9 种。

国内常用线迹习惯上归为四种：

（1）锁式线迹——对应国际标准 300 系列，如图 5-2 所示；

（2）包缝线迹——对应国际标准 500 系列，如图 5-3 所示；

（3）链式线迹——对应国际标准 100 系列、400 系列，如图 5-4 和 5-5 所示；

（4）绷缝线迹——对应国际标准 400 系列、600 系列，如图 5-6 和 5-7 所示。

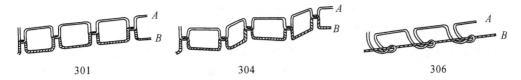

图 5-2　锁式线迹

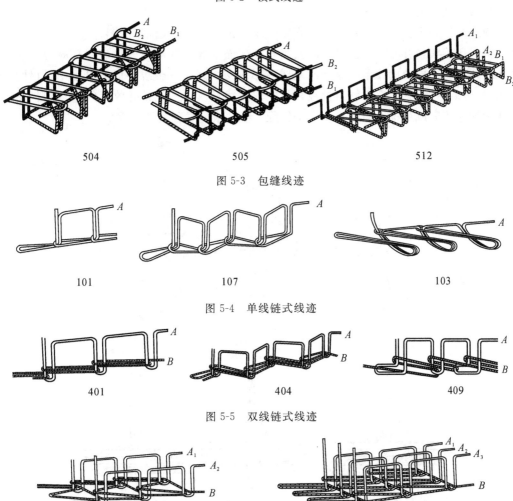

图 5-3　包缝线迹

图 5-4　单线链式线迹

图 5-5　双线链式线迹

图 5-6　绷缝线迹

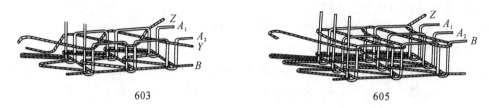

603   605

图 5-7   覆盖线迹

(二)几种常用线迹的形成原理

线迹是由缝线通过成缝构件(机针、成缝器、缝料输送器和收线器)相互配合作用而形成的,不同的线迹其线数和形成线迹的成缝构件及原理也不同,下面介绍几种常用的线迹形成原理。

1.锁式线迹的形成原理

锁式线迹是由直针带面线和梭带底线交织而成,其交织点位于缝料厚度中间。工业用平缝机常用旋梭,它的线环交织原理是:当直针带面线穿刺缝料回升形成线环时,旋梭钩取面线线环旋转一周使底线单线穿过面线线环形成交织。在一个线迹形成过程中,直针上下一次,旋梭旋转两周(一周空转),挑线杆供应形成线环所需的线量并收紧线迹,缝料输送器则在一针线迹完成后推送面料走动一个针距。线迹成缝过程具体步骤如图 5-8 所示。

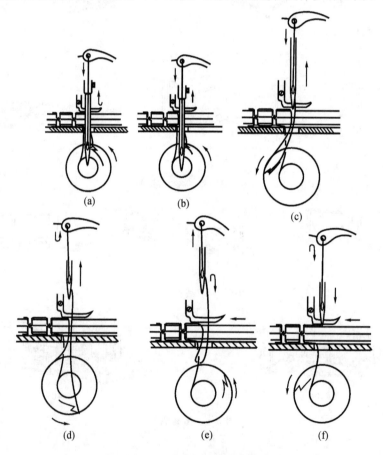

(a)   (b)   (c)

(d)   (e)   (f)

图 5-8   锁式线迹成缝过程

2．三线包缝线迹的形成原理

三线包缝线迹是由直针带面线和带线大弯针带上线及带线小弯针带下线循环穿套而成的，套结点位于缝料表面。其线迹形成原理是：当直针带线穿刺缝料回升形成线环时，小弯针带下线穿套面线线环，并形成自身线环供大弯针穿套，大弯针带上线穿套小弯针线环，并形成自身线环供直针穿套，直针、大小弯针循环穿套形成三线包缝线迹。在实现直针、大小弯针循环穿套的过程中，直针是倾斜的，而大弯针和小弯针的位置是一前一后的，因为直针既要穿套大弯针线环，又要被小弯针穿套自身的线环，所以直针只有倾斜才能做到，当直针从上到下运动的同时，还有一个从前往后的运动，以完成直针下降时先在大弯针前面穿套大弯针线环，后降到小弯针后面，自身的线环被小弯针穿套。整个线迹形成过程中，三针的收线器分别供应形成线环所需的线量并收紧线迹，缝料输送器则在一针线迹完成后推送面料走动一个针距。线迹穿套过程具体步骤如图 5-9 所示。

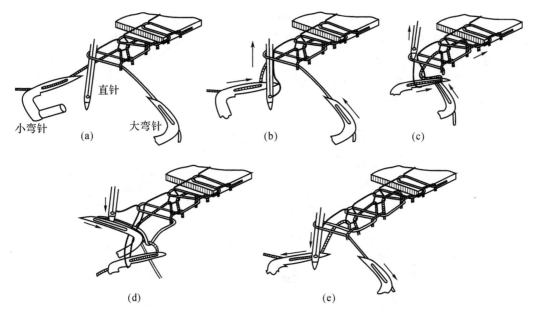

图 5-9　包缝线迹穿套过程

3．单线链式线迹的形成原理

单线链式线迹是由机针带面线和不带线的旋转线钩配合穿套形成的，套结点位于缝料底面。其线迹形成原理是：当机针带线穿刺缝料回升形成线环时，旋转线钩钩取面线线环套入，当机针带线第二次穿刺缝料回升形成线环时，旋转线钩钩取新面线线环并将旧线环套入新线环形成单线链式线迹，穿套原理相当于手工用钩针编织。在一个线迹形成过程中，面线收线器供应形成线环所需的线量并收紧线迹，缝料输送器则在一针线迹完成后推送面料走动一个针距。线迹穿套过程具体步骤如图 5-10 所示。

4．双线链式线迹的形成原理

双线链式线迹是由直针带面线和带线弯针带底线互相穿套而成的，套结点位于缝料底面。其线迹形成原理是：当直针带线穿刺缝料回升形成线环时，带线弯针钩取面线线环，并形成自身线环，供直针第二次带面线穿刺缝料时穿套，直针穿套弯针线环回升时又形成线环被带线弯针穿套，直针和弯针相互穿套形成双线链式线迹，在这个相互穿套过程中，弯针除

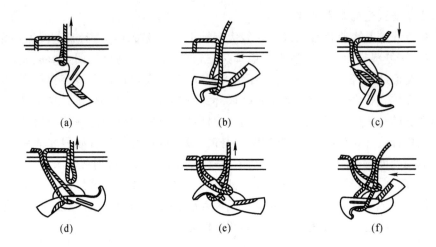

图 5-10　单线链式线迹穿套过程

了左右运动外还有一个前后的让针运动,以实现直针在弯针前面穿套弯针线环,弯针又在直针前面穿套直针线环。整个线迹形成过程中,直针和弯针的收线器分别供应形成线环所需的线量并收紧线迹,缝料输送器则在一针线迹完成后推送面料走动一个针距。线迹穿套过程具体步骤如图 5-11 所示。

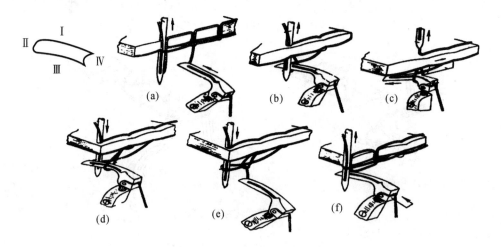

图 5-11　双线链式线迹成缝过程

5. 绷缝线迹的形成原理

绷缝线迹是由数根直针带面线和一根带线弯针带底线互相穿套而成的,套结点位于缝料底面。以三针四线为例,其线迹形成原理是:当三根直针分别带面线穿刺缝料回升形成线环时,带线弯针带底线依次穿套三根直针形成的面线线环,并形成自身线环,在直针线环分割下供三根直针分别穿套,三根直针和一根弯针互相穿套形成绷缝线迹。在这个相互穿套过程中,与双线链缝线迹的形成一样,弯针除了左右运动外还有一个前后的让针运动,以实现直针在弯针前面穿套弯针线环,弯针又在直针前面穿套直针线环,但弯针要依次穿过几根直针的线环,先后有一个时间差,所以先穿入的直针安装最高,其余的依次降低一定的距离,以实现穿套时间的配合。在一个线迹形成过程中,直针和弯针的收线器分别供应形成线环所需的线量并收紧线迹,缝料输送器则在一针线迹完成后推送面料走动一个针距。线迹穿套过程具体步骤如图 5-12 所示。

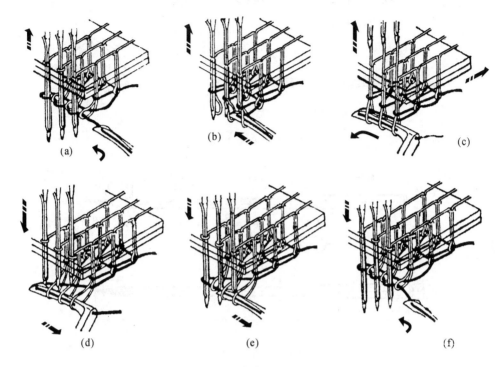

图 5-12 绷缝线迹穿套过程

三、缝纫机的主要成缝构件

缝纫机的主要成缝构件是指直接参与线迹形成的基本构件,它们是机针、成缝器、缝料输送器和收线器。

(一)机针

作用:带线穿刺缝料,回升时形成线环以便成缝器钩取线环,最终形成线迹。

1.机针的分类与构造

按用途分 $\begin{cases}$ 家用——有手针和家用缝纫机针,由于速度低对材质要求不高。 \\ 工业用——有平缝机针、包缝机针、链缝机针、绷缝机针、锁眼机针、 \\ 　　　　钉扣机针、缲边机针等,由于速度高,温升大,对材质和 \\ 　　　　制造精度的要求也较高,如强度、硬度、韧性、光洁度等。$\end{cases}$

按外形分 $\begin{cases}$ 直针——大多数缝纫机使用(可分为单头机针、双头机针)。 \\ 弯针——多用于缲边机、纳驳头机。$\end{cases}$

机针类形,如图 5-13 所示。

下面以单头直针为例来介绍一下其构造。如图 5-14 所示,单头直针由针柄、针杆、长针槽、针缺口、针孔、针刃和针尖组成。

针柄是机针与缝纫机针杆装配的部位。工业用机针针柄为圆柱形,家用机针针柄一侧为平面,便于安装定位。相同型号的机针柄长和柄粗均相等。

针杆是针柄下缘之针孔上沿的距离。粗细为针号的规格。

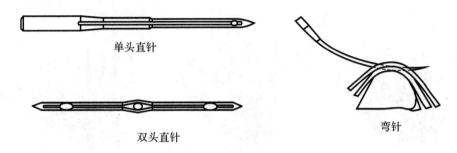

图 5-13　机针类型

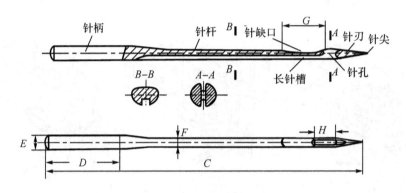

图 5-14　直针结构图

C——针全长　　F——针杆直径　　D——针柄长
G——针缺口长　E——针柄直径　　H——针孔长

长针槽是指针柄下方至针孔处的凹槽。其槽深和槽宽均大于缝线直径,用以容纳缝线以减少与面料的摩擦。

针缺口是指在长针槽180°相反位置,针孔往上有一针缺口,此处形成线环,以利于增加线环宽度,是钩线器钩线的位置。

针孔是穿线用的小孔。

针刃是指针尖至针孔上沿部位,用以挤开缝料穿引面线。

针尖是针的尖端部位,用以推开纱线或切开缝制物,使针体穿过缝料穿引面线。对于不同的缝料,可选用不同的针尖形状(圆形针尖见图 5-15,异形针尖见图 5-16)。

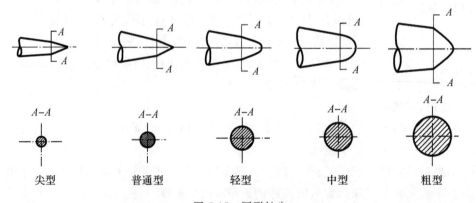

图 5-15　圆形针尖

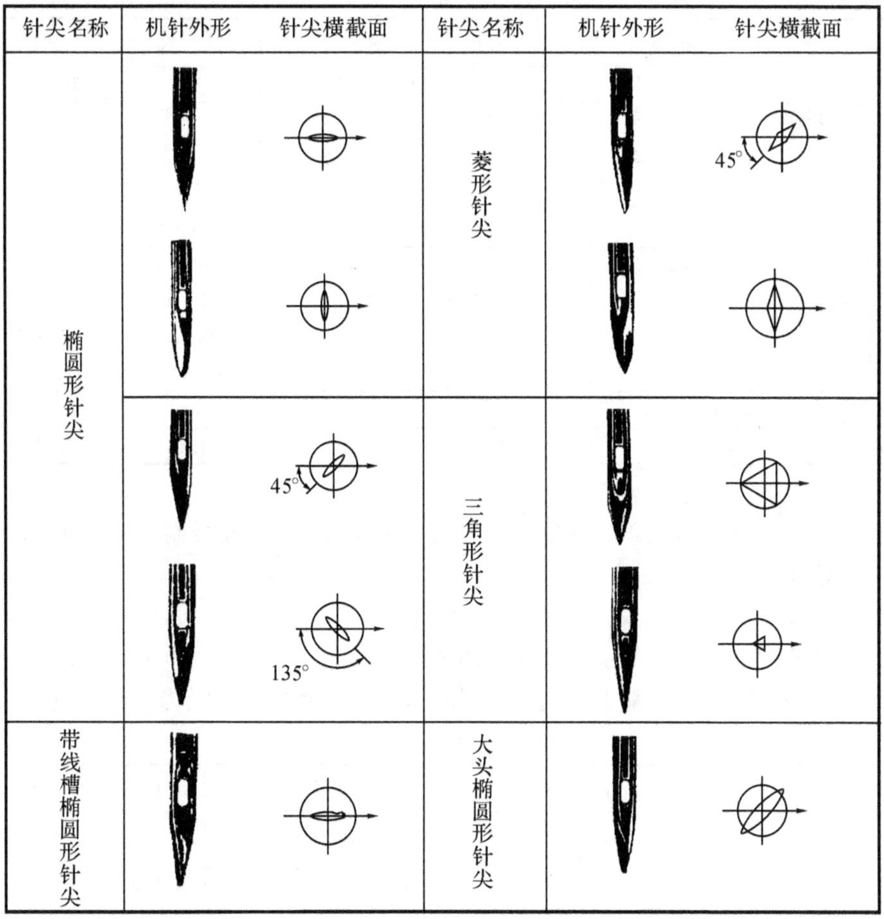

针尖名称	机针外形	针尖横截面	针尖名称	机针外形	针尖横截面
椭圆形针尖			菱形针尖		45°
	45°		三角形针尖		
	135°				
带线槽椭圆形针尖			大头椭圆形针尖		

图 5-16 异形针尖

尖型用于缝纫细薄面料；普通型是最常用的一种针尖，用于缝纫轻薄到中厚的梭织物及精细的经编织物；轻型的尖端直径约为针杆直径的 1/4，用于缝纫较厚的梭织物或伸缩性较大的针织物；中型的尖端直径约为针杆直径的 1/3，穿透力较强但破坏力较大，较适合于缝纫粗厚面料；粗型的尖端直径约为针杆直径的 1/2，穿透力最强但破坏力也最大，用于缝纫厚重梭织物和伸缩性大的纺织物。

异形针尖主要用于人造革和皮革类面料的缝制，可利用针尖锐利的边缘在缝制物上切开一个割口，让针杆顺利通过，以提高针杆的使用寿命。根据不同材质可选用不同形状的异形针尖。

2.机针的型号与规格

由于缝纫机机种很多，机针的型号亦很多，约有 15000 多种。机针的型号包括针型与针号两部分。

针型表示不同缝纫机种所使用机针的代码，同型机针的针柄直径和针的长度是一致的。如表 5-1 所示。

表 5-1　针型标号

缝纫机种类	平缝机	包缝机	双线链缝机	绷缝机	锁眼机	钉扣机
中国针型	88	81	121	121,GK16,62×1	96	566,GJ4
日本针型	DA×1 DB×1 DC×1	DC×1 DC×27	DM×1 TV×7 DM×3 UO×113	DV×1 DV×21	DP×5 DL×1 DG×1 DO×5	TQ×1 LS×18 DP×17 TQ×7
美国针型	88×1 16×231 214×1	81×1	82×1 82×13 2793 81×5	121 62×21	135×5 71×1 23×1 142×1	175×1 2851 29-18LSS 175×5
机针全长(mm)	33.4～33.6	33.3～33.5	43.9	44	37.1～39	40.8～50.5
针柄直径(mm)	1.6	2	2	2	1.6	1.7

针号表示机针针杆直径的代码。常用的针号有三种表示方式,即号制、公制、英制。对应关系如表 5-2 所示。

号制用数字作代号,号数越大表示针杆直径越粗。

公制以针杆直径的毫米数值乘 100 表示。如 65 号针,其针杆直径为 0.65mm。

英制以针杆直径的英寸数值乘 1000 表示。如 025 号针,其针杆直径为 0.025 英寸。

表 5-2　针号对照

号制	5	6	8	9	10	11	12	13	14	16	18	19	20	21	22		23		24	25	26
公制	50	55	60	65	70	75	80	85	90	100	110	120	125	130	140	150	160	170	180	200	230
英制			022	025	027	029	032		036	040	044	048	049		054	060		067	073	080	090

不同厚薄的面料,需选用适当的针号。表 5-3 为机针与面料选配参考表。

表 5-3　缝纫机针与面料选配参考表

针号(号制)	针尖直径(mm)	面 料 种 类
9,10	0.67～0.72	薄纱,上等细布,塔夫绸,泡泡纱,网眼织物
11,12	0.77～0.82	缎子,府绸,亚麻布,凹凸锦缎,尼龙布,细布
13,14	0.87～0.92	女士呢,天鹅绒,平纹织物,粗缎,法兰绒,灯芯绒,劳动布
16,18	1.02～1.07	粗呢,拉绒织物,长毛绒,防水布,涂塑布,粗帆布
19～21	1.17～1.32	帐篷帆布,防水布,睡袋,毛皮材料,树脂处理织物

(二)成缝器

成缝器的作用是钩取机针形成的线环并拉长扩大,在和其他成缝构件的运动配合中实现缝线的相互交织或穿套,形成各种线迹。

工业缝纫机常见的成缝器有旋梭、带线弯针、叉针(不带线弯针)和旋转线钩四种,如图 5-17 所示。

1.旋梭

旋梭是形成锁式线迹的下成缝器,主要由梭壳、梭床、梭芯套及梭芯组成。

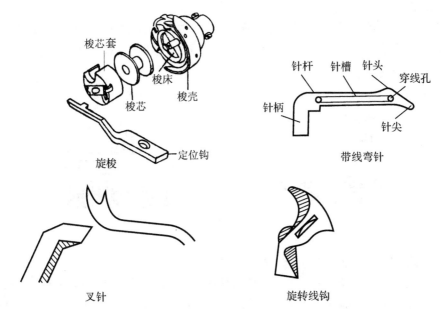

图 5-17　成缝器

（1）梭壳：工作时梭壳带动其上的梭嘴随下轴转动,用以钩取直针线环,通过梭尖扩大该线环,以便线环能顺利通过梭床。

（2）梭床：套装在梭壳中,其上的凹槽由定位钩的凸缘固定,工作时梭床不动。

（3）梭芯套：由梭门闩固定在梭床上,也不随梭壳转动。

（4）梭芯：装在梭芯套中可旋转,缝线从梭芯套上的簧片引出,形成线迹时由上线拉出需要的底线。

2. 带线弯针

带线弯针是形成多线链式线迹、包缝线迹等的下成缝器,主要由针柄、针杆、针槽、针头、针尖及穿线孔组成。针柄固装在弯针架上;针杆连接针柄与针头;针槽用来引导下线,使下线埋于其中,减少摩擦;针头针尖用于穿套和钩取直针线环;穿线孔用于过线、引线。它能为上下线环相互穿套形成线迹提供下线。

3. 叉针（不带线弯针）

叉针是形成双线包缝线迹、单线链式暗缝线迹等的主要成缝器。叉针本身不带线,只是钩取上线线环并将其扩大和转移,实现线环间的相互穿套。

4. 旋转线钩（菱角）

旋转线钩是形成单线链式线迹的下成缝器。旋转线钩本身不带线,其钩尖用来钩取直针线环并拉长扩大,准备直针二次穿刺缝料形成线环时,再钩取新线环的同时将旧线环套入新线环,形成单线链式线迹。

（三）缝料输送器

缝料输送器的作用是在一针缝纫结束后推送缝料前进或后退（即倒缝）一个针距。

线迹的大小是由缝料输送器送布量的大小决定的,一般的送布动作是由送布牙和压脚相互配合完成的,也有针和其他构件共同参与送布的。为完成不同性质的面料或不同工艺要求的输送,缝料输送器有其不同的送料方式,归纳起来主要有以下几种。

1. 单牙下送式

如图 5-18(a)所示,这是最常见的一种送料方式,主要靠针板下的送布牙和面料上的压脚配合完成送料任务。压脚起压住面料的作用。在送料过程中,衣片的受力情况如图 5-18(b)所示。

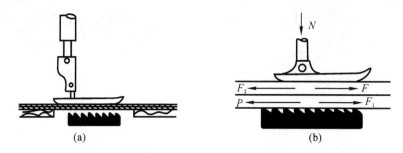

图 5-18　下送式缝料输送方式

从受力情况分析,要使面料前移,则应满足 $P > F_1 (F_1 = F_2) > F$;要是上下层面料同步前移,则应满足 $P - F_1 = F_2 - F$;这是一种较理想的状况,往往由于压脚与面料间的摩擦系数较大,使上下层面料向前的力不等,造成相对滑移而上层面料伸长现象。有的平缝机采用聚四氟乙烯材料作压脚,就是为了减小压脚与面料之间的摩擦系数,以避免上层面料相对下层面料产生滑移和伸长现象。但要彻底解决这一问题的最好办法还是采用同步针送式缝料输送器。

2. 针牙同步式

如图 5-19(a)所示,这种送布方式的特点是当机针穿刺缝料回退时,在还未退出面料前有一个向前的摆动动作,与送布牙一起同步送布。这种送布方式特别适合车缝粗厚面料和多层面料,可以有效地防治各层面料间的错移。

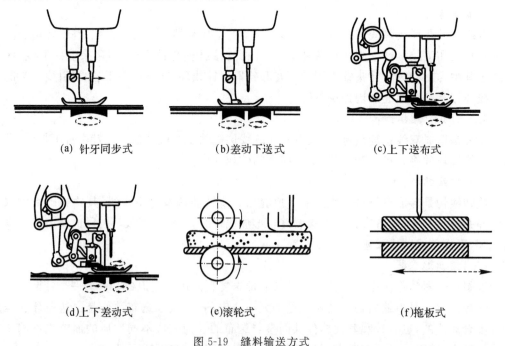

(a) 针牙同步式　　　(b)差动下送式　　　(c)上下送布式

(d)上下差动式　　　(e)滚轮式　　　(f)拖板式

图 5-19　缝料输送方式

3. 差动下送式

如图 5-19(b)所示,这种送布方式是针板下有两个速度分别可调的送布牙,位于直针前的称主送布牙,位于直针后的称差动送布牙。当缝纫弹性面料时,可将差动送布牙调得比主送布牙快些,以达到推布缝纫的目的,防止面料被拉长;当缝纫轻薄面料时,可将差动送布牙调得比主送布牙慢些,以达到拉布缝纫的目的,防止面料皱缩;而当需要抽褶缝时,只要将差动送布牙调得比主送布牙快得多些便可缝出。该送布方式在包缝机上最多见。

4. 上下送布式

如图 5-19(c)所示,这种送料方式是由带牙的送布压脚和下送布牙一起夹住面料共同送布,可使面料上下平衡输送,还可防止线迹歪斜。

5. 上下差动式

如图 5-19(d)所示,这种送布方式是由带牙的送布压脚和针板下两个速度分开可调的送布牙一起夹住面料送布,是差动下送式与上下送布式两种输送器的综合形式。利用上下差动式功能可同时防止上下层面料错位和滑移及面料被拉长或皱缩;利用差动功能可进行缩缝加工,如西服的上袖工艺与童装的泡泡袖工艺等。

6. 滚轮式

如图 5-19(e)所示,这种送布方式是上滚轮为主动轮将缝料压在下被动轮上,上滚轮由送料机构传动完成步进送布运动。常用于如车缝松紧带等的加工,常见于在多针机和装饰缝纫机上使用。

7. 拖板式

如图 5-19(f)所示,这种送布方式是由托架和夹板夹住面料移动,多见于钉扣机、锁眼机、套结机等。

(四)收线器

收线器的作用是供给机针或弯针形成线环所需要的缝线量并能收紧线迹。

工业缝纫机上的收线器根据形成线迹的用线量大小其结构有所不同,链式线迹用线量小,送线收线结构也较简单,机针常采用针杆挑线,下弯针则采用打线杆打线或凸轮打线;而锁式线迹因其直针的用线量较大,一般需有专门的收线机构,大致可分成杆式与轮式两类,如图 5-20 所示。

1. 杆式

有连杆式收线器和滑杆式收线器,用于高速缝纫机,噪音较小,使用寿命较长。

2. 轮式

有异形旋转轮式收线器、销轴旋转轮式收线器和凸轮式收线器几种。异形旋转轮式收线器适宜于高速缝纫机;销轴旋转轮式收线器造价低,可用于高速缝纫机,但制造时需严格进行静平衡和动平衡试验,以保持运转时的平衡和稳定;凸轮式收线器适用于摆梭类低速缝纫机,与缝针、摆梭的运动配合较理想。

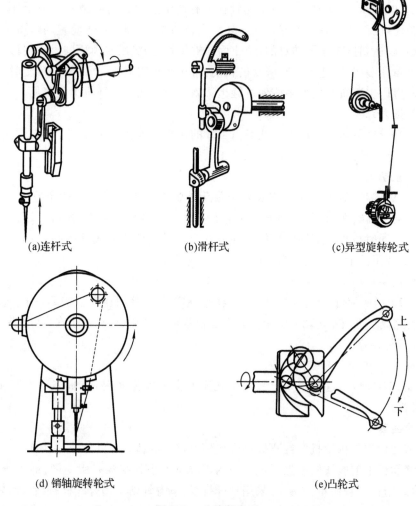

(a)连杆式　　　　(b)滑杆式　　　　(c)异型旋转轮式

(d) 销轴旋转轮式　　　　(e)凸轮式

图 5-20　收线器类型

第二节　工业平缝机

　　工业平缝机是服装企业最主要的缝纫设备。其功能特点是通用性大,使用最为频繁,配以车缝附件能高效地完成 ISO 4916 国际标准所列的八类缝型,广泛用于机织布、皮革、非织造布产品的加工。成缝线迹为双线锁式线迹,该线迹结构简单,用线量少;牢度好,不易脱散;但线迹拉伸性能较差;底线需换梭芯所占时间较多。单针普通工业平缝机是缝纫设备中机构组成最基础的一种,其余多功能工业缝纫机都是在此基础上发展起来的,因此本教材将对单针普通工业平缝机作重点讲解。

一、工业平缝机的分类与主要技术规格

(一)分类

1.按速度分

有低速、中速、高速缝纫机。

2.按机针数分

有单针、双针缝纫机;而双针又可分成两针杆联动和两针杆分开传动的缝纫机。两针杆分开传动的缝纫机在转角缝纫时可控制其中一根针杆抬起,转角过后再控制该针杆落下参与缝纫,使缝纫的两条线迹转弯清晰美观。

3.按送料方式分

有单牙下送式、针牙同步式、前后差动式、上下送布式、上下差动式等不同送料方式的缝纫机。

4.按操作方式分

有普通型和电脑控制型缝纫机。普通型缝纫机是机械控制,人工操作;电脑控制型缝纫机则可设定一些自动控制功能,如自动倒回针、自动剪线、自动直针定位、自动缝速控制等。

(二)工业平缝机主要技术规格

了解工业平缝机的主要技术规格可帮助我们根据工艺要求选用合适的设备机种,完成流水线生产的设备配置。国内外工业平缝机的主要技术规格示例见表5-4。

表5-4 几种国内外工业平缝机的主要技术规格

型号(国名)/厂家/项目	GC28-1M (中国) 华南缝制设备集团公司	GC6180 (中国) 西安标准工业股份有限公司	GC6240 (中国) 西安标准工业股份有限公司	FY9102 (中国) 中国飞跃集团	GEM5200 (中国) 浙江宝石缝纫机股份有限公司	DLD5430-7 (日本) 东京重机株式会社	SN-7220-9-3 (日本) 兄弟工业株式会社	2691S200A (美国投资中国) 上海胜家缝纫机有限公司
最高转速(r/min)	5000	5000	3500	4000	4500	4500	5000	5500
机针数	1	1	2	1	1	1	1	1
针间距(mm)	0	6.4	0	0	0	0	0	0
最大针距(mm)	4	4	5	5	5	5	4	5
针杆行程(mm)	31	31.8	31.8			30.7	31	
机针型号	DB×1 9#～18#	DB×1 65～90	DP×5 90	DB×1 9#～18#	DB×1 9#～18#	DB×1 14#	DB×1 14#	1515 9#～10#
压脚升距(mm)	5	6	7	5.5～15	4～10	5.5～13	6～13	6～13
性能、用途说明	适合不同厚度的针织、棉、皮革、化纤等缝料,自动加油、回油	电脑控制、自动剪线、拨线,可缝特殊缝型,适用于缝制薄料和中厚料的针棉、化纤等制品。自动加油、回油	具有低噪音、低振动、高稳定之特点,双针离合式针杆结构,针牙同步送料,适用于女内衣、牛仔衣裤、男大衣的转角缝纫和装饰缝纫。自动加油、回油	针杆无油化设计,电脑控制,自动剪线、倒缝、拨线,提升压脚,具有低张力缝纫功能,适用于不同面料	高速带侧刀,缝纫和修边工序一次完成。适用于缝制各种衬衫、西服等,尤其适合衣领前襟等部位。自动加油、回油	电脑控制自动切线,差动送料缩缝1:1.5(最大1:3),伸长缝1:0.5,自动加油、回油,适合中厚料的缝纫	电脑控制、自动切线、针牙同步送料,防缝偏和起皱,低噪音,自动加油、回油,适合中厚料的缝纫	噪音低、运转轻,无漏油型全自动供油系统,适合中薄缝料

二、单针普通工业平缝机

(一)整机构成与车缝控制

如图5-21和5-22所示,单针普通工业缝纫机由机头、工作台板、机架、脚踏控制装置、底线绕线架、线架、离合式电动机及电动机开关(固定在高低和平衡可调的机架上)组成。机器的动停靠脚踏控制装置控制,打开电动机开关后,脚向前踩,离合式电动机上的主、被动摩擦盘靠紧,电动机带动皮带轮转动,机器运转,当踏板回平时主、被动摩擦盘脱开,其随惯性转动,当脚向后踩时皮带盘上的主、被动摩擦盘靠紧刹车板,机器立刻停住。

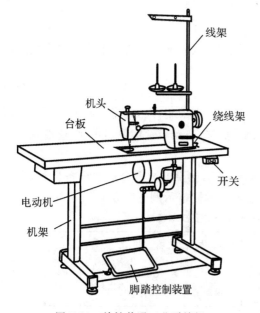

图 5-21　单针普通工业平缝机

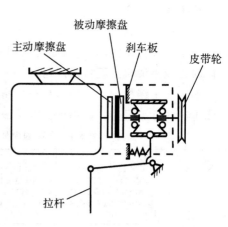

图 5-22　电动机

(二)主要机构及工作原理

单针普通工业平缝机的主要工作机构都容纳在机头里,如图5-23所示。

图5-24是单针普通工业平缝机的工作原理图。单针普通工业缝纫机主要工作机构包括机针机构、旋梭机构、挑线机构和送料机构,这四大工作机构是形成梭式线迹必不可少的机构。它们的运动都由主轴传动,主轴上装有针杆曲柄、偏心轮、伞齿轮及手轮,电动机通过皮带连接手轮上的皮带轮把运动传递给主轴,主轴再通过轴上其余的传动件,将主轴的运动分别传递给各个机构实现相互之间的协调配合动作,完成上下线的交织。

图 5-23　单针普通工业平缝机结构

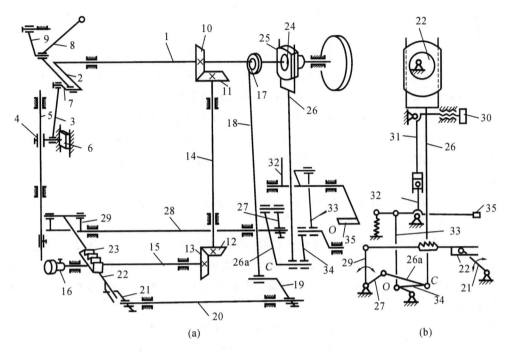

(a)　(b)

图 5-24　单针普通工业平缝机工作原理图

1—主轴　2—针杆曲柄　3—针杆连杆　4—针杆连接柱　5—针杆　6,25—滑块　7—挑线曲柄　8—挑线杆　9—挑线摇杆　10,11,12,13—伞齿轮　14—竖轴　15—旋梭轴　16—旋梭　17—抬牙偏心轮　18—抬牙连杆　19,21—抬牙摇杆　20—抬牙轴　22—送布牙架　23—送布牙　24—送料偏心轮　26,26a—牙叉连杆　27,29—送料摇杆　28—送料轴　30—针距调节旋钮　31—针距调节器　32—针距调节摆杆　33,34—针距连杆　35—倒顺缝扳手

1. 机针机构

如图 5-25 所示，机针机构由针杆曲柄、针杆连杆、针杆连接柱、针杆、滑块等构件组成，属曲柄滑块机构。该机构的作用是：带线穿刺缝料，回升时形成线环，在构线、挑线、送布机构的准确配合下使面底线交织，收紧形成 301 线迹。

机针机构的工作原理：针杆曲柄在主轴的带动下作旋转运动，通过挑线曲柄、针杆连杆、针杆连接柱及滑块进行运动传递，带动针杆作上下直线运动。

机针的运动特点：从最高位向下运动到缝料，速度由最慢变到最快，此时可获得最大的动能穿刺缝料；从缝料位运动到最低点，速度由最快变到最慢，此时有利于线环形成稳定；从最低位向上运动到缝料，速度又由最慢变到最快，此时为扩大线圈阶段，可加速线迹形成；从缝料向上运动到最高位，速度再由最快变到最慢，此时

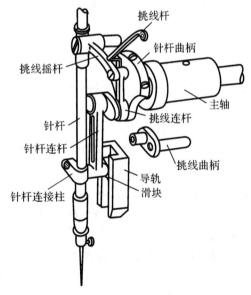

图 5-25　机针机构与挑线机构

为收线及线迹形成阶段,可使线迹成形良好。

2. 旋梭机构

如图 5-24 所示,旋梭机构由伞齿轮(10,11,12,13)、竖轴(14)、旋梭轴(15)、旋梭(16)等组成,属齿轮传动机构。该机构的作用是:当机针形成线环时,使梭嘴穿入线环并将线环拉长扩大绕过梭芯,完成底面线交织,为挑线机构收紧线迹做好准备。

旋梭机构的工作原理:两对伞齿轮(10,11,12,13)通过竖轴(14)将主轴(1)的旋转运动传递给旋梭轴(15)带动旋梭(16)转动,钩取线环。由于机构配合的需要,主轴通过两对伞齿轮增速,使旋梭轴转速为主轴的两倍,即针杆上下一次,旋梭旋转两周,但只有一转钩取线环起作用,而另一转为空转。

旋梭机构的运动特点:做匀速旋转运动,缝针上下一次,旋梭旋转两周。

3. 挑线机构

如图 5-25 所示,挑线机构由针杆曲柄、挑线曲柄、挑线连杆(挑线杆)、挑线摇杆组成,属曲柄摇杆机构。该机构的作用是:在每个线迹形成周期中,在夹线器的配合下控制挑线杆供应和回收适量的面线及收紧线迹,使面、底线交织点处于缝料中间,并抽新线补足下一线迹,形成所需的面线。

挑线机构的工作原理:挑线连杆(挑线杆)通过针杆曲柄、挑线曲柄的回转运动带动并在挑线摇杆的牵制下将主轴的旋转运动转化为挑线杆的上下曲线往复运动。

挑线机构的运动特点:作上下弧线运动;向上快,向下慢,向上运动约是向下运动平均速度的两倍。

4. 送料机构

如图 5-24 所示,送料机构由双偏心轮(17,24)、抬牙连杆(18)、摇杆(19,21,27,29)、抬牙轴(20)、滑块(25)、牙叉连杆(26,26a)、送料轴(28)、送布牙架(22)、送布牙(23)、针距连杆(33,34)、针距调节摆杆(32)、针距调节器(31)、针距调节旋钮(30)及倒顺缝扳手(35)等组成,属曲柄摇杆机构。该机构的作用是:与压脚机构配合动作,适时适量地向前和向后移送面料。

送料机构的原理是:抬牙偏心轮(17)通过抬牙连杆(18)、抬牙摇杆(19,21)、抬牙轴(20)、将主轴(1)的旋转运动传递给送布牙架(22)及送布牙(23)作上下运动;送料偏心轮(24)通过滑块(25)、牙叉连杆(26,26a)、送料摇杆(27,29)、送料轴(28)将主轴(1)的旋转运动传递给送布牙架(22)及送布牙(23)作前后运动;并在压脚的配合下完成送布运动。

送料针距的调节(如图 5-24(b)所示)是由针距调节旋钮(30)、针距调节器(31)、针距调节摆杆(32)或由倒顺缝扳手(35)通过针距连杆(33,34)、改变 O 点离牙叉连杆(26a)摆动中心线的距离,来改变牙叉连杆的上下运动幅度和顺序,从而改变送料摇杆(27,29)的摆动角度来调节针距的大小和送料方向。O 点可调节,但调好后缝纫机工作时为固定支点。牙叉连杆摆动时,C 点绕 O 点摆动,使牙叉连杆产生上下动程,通过送料摇杆摆动,带动送布牙形成针距。O 点离牙叉连杆(26a)摆动中心线的距离越近针距越小。当 O 点到牙叉连杆(26a)摆动中心线位置时,针距为零;当 O 点在牙叉连杆(26a)下方时,向前送料;当 O 点在牙叉连杆(26a)摆动中心线上方时,则向后送料。

送料机构的运动特点:正常缝纫时作上→前→下→后的循环运动,回针时作上→后→下→前的循环运动,送布牙上升后的向前或向后运动是有效的送布动作。

(三)各机构的运动配合标准与调试

平缝线迹的形成是靠带动四个成缝构件动作的机构密切配合和协调来完成的,因此各机构不仅本身要能可靠地工作而且它们之间要有严格的运动配合要求。在四大运动机构中挑线机构的运动是不可调的,要达到准确的配合可调整机针机构、梭机构和送料机构的相对配合位置。由于挑线机构与针机构的配合是固定的,所以梭机构和送料机构的位置应相对于机针机构来调整。

1. 机针机构与梭机构的配合与调试

针机构与梭机构的配合只要将梭床与定位钩、针与梭的配合位置调整好就可达到两机构的正确配合。正常配合标准如图 5-26,5-27 和表 5-5 所示。

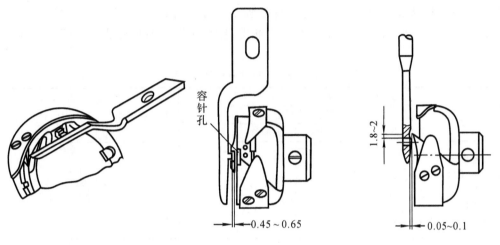

图 5-26 梭床与定位钩配合   图 5-27 针与梭配合

表 5-5 梭床与定位钩、针与梭、针与送布牙的配合标准与调节方法

	梭床与定位钩	调节方法
前后配合	针位于梭床容针孔中间	调节定位钩前后位置,使针位于梭床容针孔中间
左右配合	两构件间留有 0.45～0.65mm 间隙	调节旋梭轴向位置,使梭床凹口与定位钩凸头间留有 0.45～0.65mm 间隙,与机针和梭嘴左右配合同步进行
高低配合	梭床凹口与定位钩凸头上端面平齐	调节定位钩与装配槽的高低位置,一般生产构件时尺寸标准无需调节
	针与梭	调节方法
前后配合	针最低回升 2.2mm（1.8～2.7mm)时,梭嘴到达机针中心位置	针杆上如有刻度,使针杆下刻度线与装针杆套筒下端面平齐时,调节旋梭使梭嘴到达机针中心线位置;若杆上无刻度,则当针到达最低位置回升 2.2mm 时,调节旋梭使梭嘴到达机针中心线位置
左右配合	两构件间留有 0.05～0.1mm 的间隙	调节旋梭轴向位置,使梭嘴与针杆间处于似碰非碰状态
高低配合	梭嘴位于针眼以上 1.8～2mm 处	针杆上如有刻度,当针杆到达最低位置时,调节针杆上刻度线与装针杆套筒下端面平齐;针杆上若无刻度,当针到达最低回升 2.2mm 时,调节针杆使梭嘴尖位于针孔上缘以上 1.8～2mm 处

2.机针机构与送料机构的配合与调整

机针机构与梭机构的配合一般将针、牙与针板三构件调成三平,即当机针尖下降到针板表面时,送布牙尖也正好下降到针板表面(见图5-28)。此三平位置的同步关系需调节送布凸轮与主轴的相对位置。这不同于缝纫时送布牙高低的调节,缝纫机出厂时调好后一般不用调整。

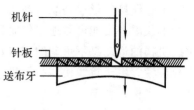

图5-28　针牙同步关系

(四)单针普通工业平缝机的使用

1.针、线的选用

针根据面料厚薄选用,厚料选粗针,薄料选细针,一般中厚面料选用12#～14#针;线根据针粗细和面料成分(棉、涤、丝)选用,细针用细线,粗针用粗线,参见机针、线与面料选配参考表5-6。

表 5-6　常用缝纫线机针面料选配参考

| 缝线种类与规格 | | | | | 机针规格 | 适用面料 |
| 棉线 | 化学纤维缝线 | | | | | |
	涤纶线	涤棉线	锦纶线	维纶线		
精梳棉线 7.5×4 号(80^s/4) 10×3 号(60^s/3) 普梳棉线 10×3 号(60^s/3)	8×3 号 (75^s/3) 8.5×3 号 (70^s/3) 10×3 号 (60^s/3)	10×3 号 (60^s/3)	100N/3		9#～11#	各种薄纱、府绸、细布、丝绸等薄形织物
普梳棉线 14×2 号(42^s/3)	12×3 号 (50^s/3)	13×3 号 (45^s/3)	65N/3 75N/3	15.9×2 号 (37^s/2)	12#～14#	各种卡其、斜纹、哔叽、薄呢绒等中厚面料
18×3 号(32^s/3) 18×6 号(32^s/6) 14×6 号(42^s/6)			35N/3		16#	各种牛仔布等较厚面料及人造革、皮革
18×5 号(32^s/5) 18×6 号(32^s/6) 14×6 号(42^s/6)			65N/6	20×4 号 (20^s/4)	18#～20#	薄帆布、厚呢绒等厚织物及皮革类材料

2.机针安装与缝线张力的调节

(1)机针的安装方向为机针针槽向操作者左侧,装针时要把针插到针座底部,然后拧紧螺丝。

(2)面线张力调整是旋转张力器,顺时针转张力变大;反之变小。调整底线张力是靠调节梭皮弹簧,螺丝拧紧张力变大;反之变小。一般线迹底、面线交织在线迹中间,合适的程度可通过观察底、面线的交接点与缝迹的平整情况判断。在线迹整体较紧时,如果底、面线松紧不平衡,可放松紧的那根线调整;如果底、面线松紧平衡,可同时放松底、面线加以调整。在线迹整体较松时,如果底、面线松紧不平衡,可收紧松的那根线调整;如果底、面线松紧平衡,可同时收紧底、面线加以调整。

3. 送布牙高度调节

缝薄料时,送布牙到最高位置,高出针板 0.5 mm;缝中厚料时,送布牙到最高位置,高出针板 0.7~0.9mm;缝厚料时,送布牙到最高位置,高出针板 1~1.2mm,不超过 1.5mm。

如缝薄料时牙齿过高,则面料会出现牙印或破洞;缝厚料时如牙齿太低,会带不动面料。牙齿的高低位置通过调抬牙轴与抬牙摇杆的相对位置调整,牙齿的前后位置通过调送料轴与送料摇杆的相对位置调整,如图 5-29 所示,并参阅图 5-24。

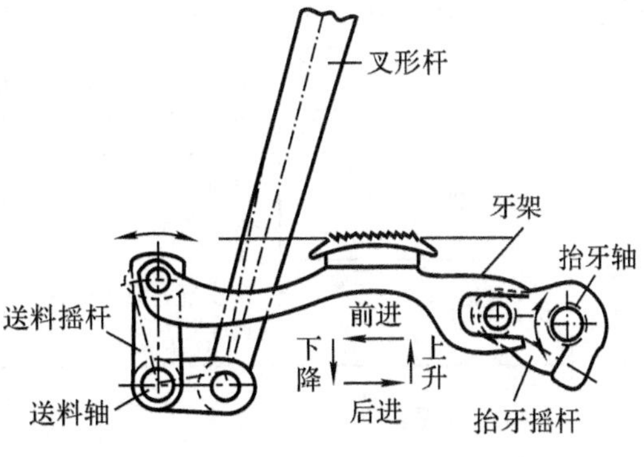

图 5-29　送布牙高低前后调节

4. 压脚压力的调节

压脚压力根据面料厚薄来调节,面料厚时压力大些,面料薄时压力小些。旋调压脚杆上的螺钉,顺时针转压力加大;反之压力减小。

5. 润滑

高速平缝机是自动加油的,润滑系统由油泵、油池、量油阀及油路组成。润滑油由油泵通过油管和油线输送到各需加油部位,机头上方的透明油窗可观察润滑系统的润滑情况,油池中应注意保持规定的油量。

6. 磨合

新机器需用 80% 的速度运转一段时间,再全速使用,因运动表面的细小毛刺在高速运转时会拉伤接触面,慢速运转可磨去细小毛刺,有利于提高机器的使用寿命。

(五) 常见故障及维修

平缝机在使用中常见故障有跳针、浮线、断线、断针。

跳针是梭嘴钩不住线环造成的。梭嘴要能顺利入环其条件为:

(1) 线环要有一定的宽度,是成缝器尖部的 1.5 倍。

(2) 线环所在的平面必须垂直于成缝器尖部入环时的运动平面。

(3) 缝线的粘度不能太高,直针、缝线、面料要合理选择、匹配。

(4) 针板孔的大小要适宜,防止过大引起面料不稳定,影响线环的正确形成。

任何因素破坏上述入环条件都将引起跳针。

断线是缝线在送线收线过程中被拉断、割断造成的。

断针是机针在运动中碰到刚性构件造成的。

浮线是缝线在形成线迹过程中收不紧线造成的。

而产生上述这些故障的原因,又是由许多具体的影响因素所造成的,通过分析便可找到症结加以排除。常见故障的发生原因与排除方法见表 5-7。

表 5-7　单针普通工业平缝机常见故障分析

故障	发生原因	原因简析	排除方法
跳　针	机针尖发毛	穿刺缝料时阻力变大,使面料抖动,造成机针线环不稳定,导致梭嘴钩取线环失败	更换机针
	机针弯曲	造成机针线环偏离最佳钩线位置,导致梭嘴钩取线环失败	更换机针
	机针槽不光滑	缝线经过时张力变大,受拉伸,回升时弹力恢复,形成线环变小,导致梭嘴钩取线环失败	更换机针
	机针安装歪斜	造成机针线环与成缝器钩线运动方向不垂直,相当于线环变小,导致梭嘴钩取线环失败	校正机针位置
	缝线粗细不匀	机针带线穿刺缝料回升时,缝线与面料的摩擦力不稳定,造成线成环时大时小,导致梭嘴钩取线环失败	按标准选择缝线
	缝料、针、线匹配不当	薄料粗针引起缝料抖动,造成机针线环不稳定;细针粗线,针孔过线张力变大受拉伸,回升时弹力恢复,形成线环变小;都导致梭嘴钩取线环失败	参考配合表选用针线
	压脚压力小	机针穿刺缝料时,使面料抖动,造成机针线环不稳定,导致梭嘴钩取线环失败	增大压脚压力
	压脚槽太宽	机针带线穿刺缝料回升时,缝料随机针上升一小段距离,延迟线环形成,最佳钩线位置上移,导致梭嘴钩取线环失败	将压脚左移或右移,或换压脚
	针板孔太大	机针带线穿刺薄料时,缝料随机针下降,回升时,缝料随机针上升一小段距离,延迟线环形成,最佳钩线位置上移,导致梭嘴钩取线环失败	换新针板
	挑线簧太低	机针带线穿刺缝料形成线环的过程中,挑线簧对缝线张力起不到微调作用,面线时松时紧,造成机针线环大小不稳定,导致梭嘴钩取线环失败	适当调高挑线簧
	梭尖与机针左右距离太远	相当于机针线环变小,导致梭嘴钩取线环失败	按标准适当调整
	旋梭定位不准	使梭嘴到达机针位置时,最佳线环偏高或偏低,导致梭嘴钩取线环失败	按标准适当调整
	针杆偏高或偏低	针杆偏高或偏低,形成的最佳线环也偏高或偏低,相当于线环变小,导致梭嘴钩取线环失败	按配合要求调整针杆位置
浮底面线	底线面线张力过大或过小	面线张力过大或底线张力过小,底线上浮;面线张力过小或底线张力过大,面线下浮	调整夹线螺母或梭皮调节弹簧

续表

故障	发生原因	原因简析	排除方法
毛巾状浮线	旋梭尖嘴及平面毛糙有伤痕	面线环脱套时受阻,导致余线收不紧	用油石修磨光滑
	定位钩凸头上绕有余线	定位钩凸头与梭床凹口间隙变小,面线环脱套过线时受阻,导致余线收不紧	清除余线
	梭芯套圆顶的过线圆弧面生锈或有毛刺	使底线出线张力过大,面线环拉底线时受阻,导致余线收不紧	用油石修磨掉铁锈及毛刺
	面线夹线器失灵	夹不住线,使面线张力过小,导致余线收不紧	合理调整夹线器送线钉的位置
	面线未进入夹线器	使面线张力过小,导致余线收不紧	将面线夹入夹线器
	送布牙送布偏早	在面线环未脱套时就送布,拉出过多面线,导致余线收不紧	调整送布凸轮位置
时浮时不浮	梭芯与梭芯套配合不好	有时底线出线受阻,造成张力不匀,导致有时面线下浮	选配较佳梭芯
	梭皮与梭芯套外圆平整度配合不佳	底线出线时松时紧,造成张力不匀,导致有时面线下浮,有时底线上浮	调整梭皮与梭芯套外圆配合的平整度
	压脚趾板下的出线槽太短或太浅	有时使还未完全收好的新线迹前移时受压,造成底面线交织不匀,导致浮线	用细砂条拉深拉长压脚趾板下的出线槽
断面线	针孔边缘不光滑或针槽有毛刺	缝线经过机针孔或机针槽时被磨断或割断	抛光后使用或调换新机针
	挑线簧太紧、太高不灵活或夹线器压力不匀	送线时缝线张力太大被拉断	调整挑线簧高低适当调节夹线器压力
	针板容针孔边缘有毛刺、尖角	缝线经过时碰伤降低强度或被割断	用砂布条适度拉磨光滑
	旋梭内槽不光滑有锐角	面线环扩大过程中缝线被碰伤或磨断	用抛光膏将旋梭内槽抛光后试装或更换新的
	面线过线孔部分拉毛	缝线运动时受阻被拉断	用纱布条拉磨光、再用线涂上抛光膏拉磨光滑或抛光
	梭门低簧太短失去弹性	旋梭运转时梭门翘起,缝线受阻被拉断	将梭门低簧拉长或换新的
	旋转定位钩与梭床凹口配合不当	旋转定位钩与梭床凹口配合间隙太小,缝线经过时受阻被拉断	调整旋转定位钩与梭床凹口的配合
	缝线质量太差	缝线在送线收线过程中强度不够被拉断	换适当强度的线

故障	发生原因	原因简析	排除方法
断底线	梭皮压线口因磨损出现缺口	底线出线时被卡割断	更换新梭皮
	梭芯绕线太满	底线出线不爽快被拉断	绕底线不得高出梭芯
	梭芯太松,轴向窜动	可能使底线滑出梭芯边缘后被卡住	可适当在梭芯套里垫一块薄布
	旋梭皮边缘发毛	出线时擦断底线	修磨旋梭皮边缘不光处
断针	机针与缝料缝线选配不当	厚料细针时针强度不够	按标准选配机针、缝料和缝线
	缝纫时拉缝料用力不当	机针未出布料时就用力拉布料导致针折断	操作时用力要适当、适时
	机针变形	针下去时未能对准针板针孔被折断	更换新针
	夹针螺钉松动	针在上下运动时落下被折断	旋紧夹针螺钉
	送布牙与刺布运动不同步	针还未出面料就送布拉断,机针	调整凸轮位置
缝料停滞不前	送布牙尖变钝送布牙过低	送布牙对布料的拉力小于压脚对布料的摩擦力,带不动	适当抬高送布牙或更换送布牙
	送布牙紧固螺钉松动	牙架带不动送布牙从而带不动布料	拧紧紧固螺钉
	缝针与送布之间配合不好	送料时针还未离开布料,阻止布料向前	调整针与送布运动的时间配合
	压脚压力太小或压脚下面不光滑	压脚压力太小对布料形不成拉力,压脚下面不光滑对布料的摩擦力大于送布牙对布料的拉力,都会带不动布料	适当加大压脚压力或修光压脚底部
润滑不良	油池油位太低	油泵吸不到足够的油量送往各构件的运动部位	按要求加油至游标处于油视窗两标线之间
	油路堵塞	油泵无法通过油路送油	疏通油管
	滤油网堵塞	油泵吸不上油	清洗滤油网
	吸油线太短	吸油线未到达需润滑的构件运动部位	更换新线

三、双针工业平缝机

在服装生产中常常会有需要压两条明线的工艺,运用双针平缝机可保证两条明线线迹平行、美观,使该工艺的缝纫变得简单高效。双针平缝机是在单针平缝机的基础上迎合双针工艺发展起来的,在服装企业里也是常见的机种,尤其在风衣、棉衣、茄克生产厂里被广泛使用,受到青睐。如图 5-30 所示,为双针平缝机机头外形。

图 5-30 双针工业平缝机

(一)双针平缝机的性能特点

(1)两针同时上下运行,与两个旋梭配合,在缝料上缉出两道平行的双线锁式线迹。

(2)根据不同的工艺要求,配置不同规格的针位,缝制出不同宽度的双线线迹,实现一机多用。

(3)大多采用针与送布牙同步送料方式,克服了缝合面料时出现上下层错位的现象。

(4)双针机有平双针和转角缝双针机之分,转角缝双针机设有停住其中一根针杆运行的装置,能实现转角缝。如用于风衣的下摆、棉衣的袋盖等需要双线转弯缝的部位。

(二)主要机构

(1)针杆机构

针杆机构为典型的曲柄滑块机构,皮带轮的旋转通过上轴、针杆曲柄、连杆、针杆滑套,带动两针杆上下运行,如图 5-31 所示。

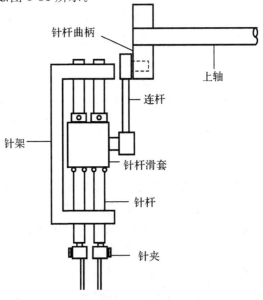

图 5-31 针杆机构示意图

(2)针杆分离机构

此机构比较复杂,有两种不同的装置,现以宝马 GC20538 双针平缝机的针杆分离机构予以介绍,如图 5-32 所示。

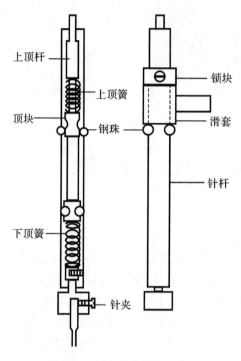

图 5-32　针杆分离机构示意图

针杆的上部和下部分别有一组圆孔,每组三孔,间隔 120°,呈水平配置,孔内三个钢珠,当顶块上下运动时,钢珠可以退入针杆孔内,也可以部分突出于针杆体外。

针杆的上下运动是由滑套带动的,在双针同时工作时,受针杆下顶簧的顶压,顶块上移,针杆上方的钢珠一半突出于针杆体外,它与锁块配合,上下卡住针杆滑套,在连杆的带动下产生针杆上下运行,此时针杆下方的一组钢珠则退入针杆体内。

需要停止一根针杆运动时,该针杆的上顶杆会被控制滑块压下,此时针杆上顶杆的压力超过了下顶簧的顶力,顶块下降,上方的钢珠则退入针杆体内,下方的钢珠突出针杆体外,卡在针架的针杆下套筒的上平面上,针杆滑套运动时在针杆上上下滑动,不带动该针杆运动,针杆滑套只带动另一根针杆上下运动,实现单针运行。如上顶杆控制滑块复位,针杆上顶杆就被释放,针杆运行还原。

(3)钩线机构

采用两个旋梭,水平放置,分别钩取两根直针的线环,使底线和面线交织,形成锁式线迹。主轴通过同步轮、同步带使下轴旋转,下轴上套装着两个斜齿轮,分别与旋梭轴上的齿轮啮合,这样,下轴的垂直旋转变成旋梭的水平旋转,它们的齿比是 2∶1,直针上下运行一次,旋梭旋转两周。如图 5-33 所示(传动机构从略)。

(4)送料机构与针杆同步摆动机构(见图 5-34)

主轴上的送料凸轮通过送料连杆、滑块、滑槽的运动使叉形连杆产生高低位移,这个高低变化量又通过送料轴带动牙架前后摆动,使送布牙产生前后运动;同时送料轴又通过摆

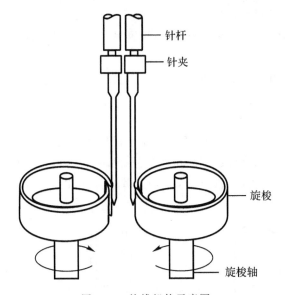

图 5-33 钩线机构示意图

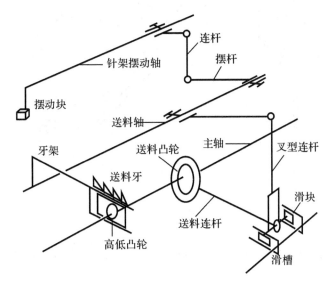

图 5-34 送料机构与针杆同步摆动机构原理图

杆、连杆,使针架摆动轴摆动,继而带动针架摆动,实现针、牙同步送料。主轴上的高低凸轮则带动送布牙上下运动。

(三)双针机的使用

1.更换不同的针位,以适应缝制工艺要求

双针机的针位规格以英寸为单位,有 1/8,3/16,1/4,5/16,3/8,1/2 等规格,每一规格都有一整套配件,在更换针位时,这些配件都必须更换。更换的配件有针夹、压脚、针板、送布牙。

更换针位需专业维修人员来操作,具体步骤是:

(1)拆下针夹、压脚、针板、送布牙;

(2)旋松旋梭安装架固紧螺丝;旋松下轴斜齿轮紧固螺丝;

（3）装上新的针夹和机针；

（4）移动旋梭安装架，调正旋梭钩线尖与直针的配合，紧固斜齿轮螺丝；紧固安装架螺丝；

（5）装上新的送布牙、针板、压脚；

（6）试缝。

2.压单止口线迹

双针机可拆下一枚直针，用一枚直针车缝单止口线迹，由于它具有针牙同步送料的功能，使车缝好的止口线不会产生波浪形扭曲现象。如要压 6mm 宽的风衣挂面止口线，可选用 3/16 的针位，拆下右边的一枚直针，配用 1/4 的双针止口压脚，就可车缝。如图 5-35 所示。

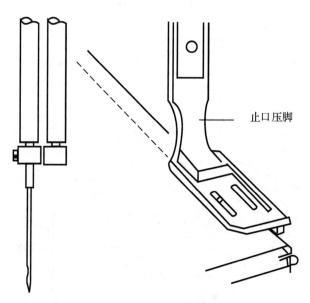

止口压脚

图 5-35　车缝示意图

3.车缝镶条

用单针平缝机在面料上缝制一条镶条，先要折烫布条，再车缝上两条直线，既费时又不整齐，如用双针机缝，只要配上一个折边拉筒，就能一次性地完成工作，又快又准确。

如要车缝 1cm 宽的镶条，我们可选用 5/16 的双针针位（两针的间距为 8mm），配用 10mm 规格的折边拉筒，再用 20mm 宽的布条作镶条，就可以缝制。如图 5-36 所示。效果图如 5-37 所示。

配用的标准是：镶条宽度＝折边拉筒宽度

　　　　　　　双针针位＝镶条宽度－2mm

　　　　　　　镶条布宽＝镶条宽度×2

双针机还可以配上其他不同规格的双折拉筒，一次性完成诸如裤带环、牛仔裙下底边等处双道线的缝制。

4.使用中的维护

双针机一般采用油绳渗透润滑，油绳的油渗透量是一个常数，它不会随机器转速的增大而增大。如果说它适应每分钟 3000 转的转速，那么当机器的转速达到 3000 转以上时，特别

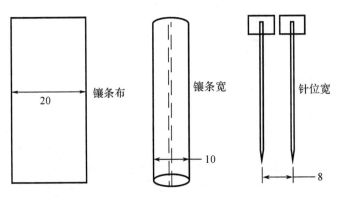

图 5-36　车缝示意图

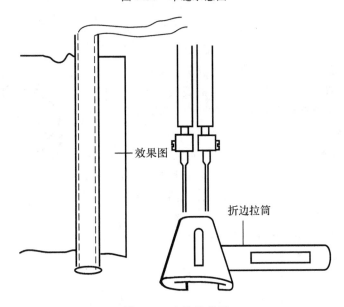

图 5-37　车缝示意图

是缝制长距离直线条时,如风衣的挂面、腰带,供油就会不足,会造成机器发热、磨损,甚至咬死、断裂。因此,双针机在使用中应经常在针杆、旋梭等处加几点白油,以保护机器性能,增加使用年限。

(四)故障原因和排除

像工业平缝机一样,双针机也会发生跳针、断线、断针等故障,产生原因和排除方法与平缝机类同,但由于它有一些特殊的机构,会产生一些特殊的故障,下面作些介绍。

1.直针下行没刺到送布牙上的针孔,或虽刺入,但却偏前或偏后

原因是针架定位不准。排除方法:旋松送料轴后摆杆螺丝 A,用手移动双针针架,使直针对准送布牙针孔的中心,旋紧螺丝。如图 5-38 所示。

2.缝制中,面线被拉毛后断线

这一现象在双针机缝制中很会出现,原因固然与线的质量有关,但与梭架的钩线角磨损,造成利口,缝线在套过梭架时被损伤,亦有很大关系。如图 5-39 所示。

排除方法:旋出旋梭压板小螺丝两个,取出梭架,用 0♯金相砂纸或抛光轮打磨钩线角,使钩线角没有利口。这样处理后会收到很好的效果。

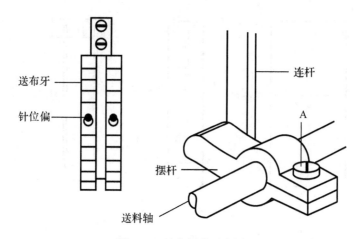

图 5-38　针位调节示意图

3.转角缝后,停针的那枚针的底线留出线环

原因是转角缝时,没停针的那枚针在运行,把停针的那枚针的底线拉出,当双针恢复使用后,多余的底线就被留了下来。

排除方法:采用有底线跳线簧的双针机梭子。

4.倒回针时跳针

双针机两旋梭钩线时,旋梭是相对方向旋转钩线。当倒回针时,两直针随着送布牙后退,对左边直针来说,钩线时间晚了,对右边直针来说,钩线时间早了,因此会造成跳针。

排除方法:在调旋梭和直针配合时,适当调前左直针的钩线时间,调后右直针的钩线时间。

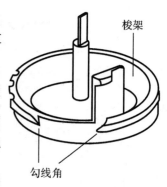

图 5-39　梭架示意图

5.浮线——面线收不紧

这是双针机比较常见的故障现象,根本原因是面线绕过梭架梭芯时是处于水平状态的,而缝线在齿孔上是处于垂直状态,这里有一个 90°的转弯,任何一处的毛角、不光滑都会影响面线的收紧。如图 5-40 所示,梭架凸头与针板缺口处最容易阻线,必须修正、抛光。同时,梭架拨杆也必须调整正确,保证不产生扣线和阻线现象。

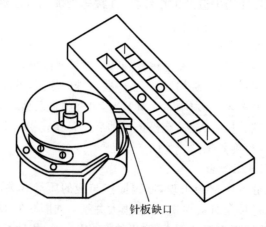

图 5-40　梭架凸头与针板缺口配合示意图

四、电脑工业平缝机

人们在服装加工中不断追求质量和产量的提高。质量是由多方面的因素决定的,而产量则是由设备性能和操作人员的技能决定的。在员工素质确定的因素下,设备的性能就起到了决定性的作用。

人们经分析发现:缝工在操作过程中,回针、定针、抬压脚、剪断缝线等占用了不少的时间,能不能把这些时间压缩到最低限度,从而提高产量?电脑平缝机就是在此设想下,在工业平缝机的基础上研制出来的。

如今,国产电脑平缝机也已在普通服装厂里被广泛使用。

(一)电脑平缝机的功能

(1)自动倒回针:能设定起缝、结束时倒回针或不倒回针。还能确定倒回针的针数和列数。

(2)设定针的位置:设定针杆停止运动时机针应处于缝料下面或上面。通常情况下都希望机针处于缝料上面,这样便于取出缝料等相关操作,但也有相反的要求,如贴方袋或缝领角转弯时,要求机针处于缝料下面。

(3)自动剪断底、面线(在机器终缝时)。

(4)自动抬压脚(有的机器没有)。

(5)能设定点缝、慢速缝、标准缝。

(6)能设定平缝的针数和缝制特殊的图形。

(二)电脑平缝机的电气、电子控制系统

电脑自动平缝机和普通平缝机的不同之处就在于比普通平缝机多了电子控制系统。如图 5-41 所示,为电脑自动平缝机外形图。

图 5-41　电脑自动平缝机

1.电机

如图 5-42 所示,电脑平缝机使用的电机有三相电机和单相电容电机之分。通电后,与转子同轴的驱动轮旋转;摩擦轮与带轮同轴,与轴连接部位呈“十”字活动装配,这样摩擦轮就能在轴上左右移动,旋转时能带动轴和带轮一起旋转。离合器部位装有两组线圈,一组电磁线圈通电后控制摩擦轮向驱动轮方向移动,与驱动轮接触旋转,带动同轴的皮带轮转动。改变线圈电流大小也就改变电磁力大小,使皮带轮和驱动轮的结合力大小发生变化,产生高速或慢速。另一组线圈通电控制摩擦轮向止动皮圈方向移动,使带轮止动。它与普通工业平缝机离合器电机的不同之处就在于离合器摩擦轮的离合动作是靠电磁控制来实现的。

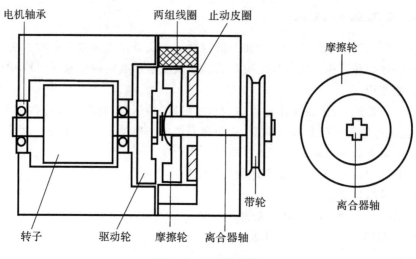

图 5-42　电机示意图

2.脚踏检测器

所谓的脚踏检测器,就是踏脚板所控制动作,它处于四个区域,分别控制机器的四个状态。

(1)中立——下停针或上停针,与设定有关(踏脚板处于自然状态)。

(2)浅前踏——慢速(脚尖向下轻踩踏脚板)。

(3)深前踏——高速(完全向下压下踏脚板)。

(4)逆踏——自动倒回针、剪线,上停针(若已设定)(脚跟后压踏脚板)。

机构简图如图 5-43 所示。

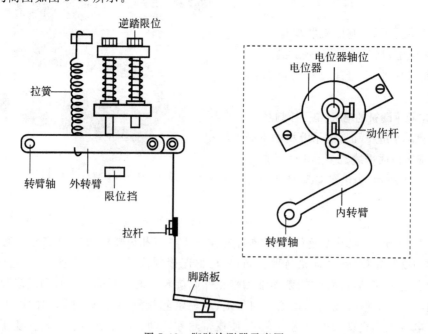

图 5-43　脚踏检测器示意图

踏脚板通过拉杆的拉动,控制内转臂的摆动,内转臂连接动作杆,带动电位器轴在不同的位置,从而输出不同的电讯号,经中心控制器处理,控制两组电磁线圈,使传动摩擦轮产生旋转或制动动作,从而使机器产生高速、慢速或停针等变化。

3.测速、定位检测器

此装置安装在皮带轮里,由微型测速电机和针定位检测装置两部分组成。测速电机的磁转子套装在皮带轮上,而定子固定在带轮边的机壳上,不同的主轴旋转速度,在定子上感应出不同的电信号,此信号反馈到电子控制中心,调节电机转速。针定位检测器由磁块和磁敏元件组成,它能检测出主轴的角度,也就是机针的位置,记忆主轴旋转的圈数,输出信号到控制中心,进而输出电压控制针数和电磁制动器工作。其简图如图 5-44 所示。

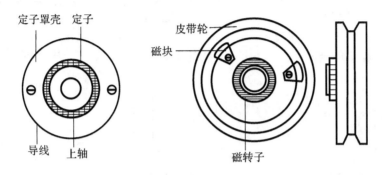

图 5-44　测速、定位检测机构

4.电子控制箱

电子控制箱是电子电气的中心,是一个微型电脑系统,它根据输入的电信号,分析、比较处理后,输出 25~30V 的电压控制各电磁控制器的工作,实现高速、慢速、停针、倒回针、剪线等动作。

控制箱里有一只变压器,输出稳定的电压,30V 的电压供电磁控制器工作,5V 电压供主板工作。

5.设定、显示屏

这部分的装置一般安装在机头的上部,如日本重机电脑平缝机;也有的安装在机头内,如日本兄弟电脑平缝机。设定、显示屏实际是电子控制中心的延伸,它使操作人员对机器的设定了解更方便和直观,从而实现人机对话。电子、电气控制系统如图 5-45 所示。

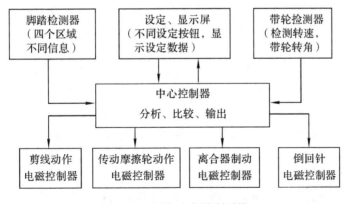

图 5-45　电子、电气控制系统

（三）设定、显示屏的使用

各生产厂家生产的电脑平缝机的按钮的图标和位置有所不同，但基本的功能都相同。现介绍各种基本图标的含义和使用。如图 5-46 所示。

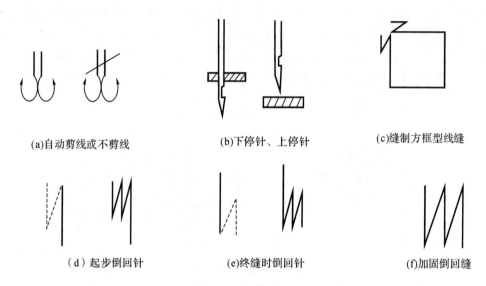

(a)自动剪线或不剪线　　　(b)下停针、上停针　　　(c)缝制方框型线缝

（d）起步倒回针　　　(e)终缝时倒回针　　　(f)加固倒回缝

图 5-46　图标含义

说明：以上各种设定必须在机器结束缝纫后进行。

按下(c)图标时，可进行"框型线缝"，数字显示屏 A、B 可设定起终缝倒回针的针数，C、D 可分别设定对称二边的针数。可缝钉商标。

按下(d,e)图标时，数字显示屏 A、B 可设定起终缝倒回针的针数，列数就是 3 例或 5 例，可根据要求选定。

按下(f)图标时，可进行"加固缝"，数字显示屏 A、B、C 为加固缝的针数，D 为加固的列数。如缝钉裤带环。

（四）电脑平缝机的使用

电脑平缝机由于它有许多特殊的功能，因此和普通平缝机相比，具有许多优越性。

(1)点缝——西装的挖袋角、衬衫的领角转弯、装领子的起步等处的缝制需要做得非常精确，设定点缝制作，就比较容易控制机器，完成理想的操作。

(2)钉商标——衣服的商标，由于面积小、转角多，缝制时比较难控制，采用缝方框功能键，设定四个边的针数，操作时，机器就会精确地在转角处停针，使工作效率大为提高。

(3)加固缝——用平车缝袋口、裤带环等处加固时，比较难控制加固的长度和列数，选定电脑平缝机加固缝键，设定针数和列数，就能做得非常精确。

(4)由于有自动倒回针、自动剪线、上下停针的设定，使缝工的操作变得快捷和准确，大大提高工作效益。

（五）维护

电脑平缝机和普通工业平缝机一样，也会发生跳针、断线、断针等故障，它的检修及调整方法类同平缝机。由于电脑平缝机的自动剪线装置安装在针板下，很容易被灰尘阻塞，造成动作误差而剪不断线，因此要经常打开针板，清理灰尘。

脚踏检测器装置必须完好，机械上不能有松动现象，否则会引起机器运转失控。

电气方面的故障维修则需要非常专业的维修人员来排除了。

第三节　包缝机

包缝机又称拷边机、拷克机,也是服装行业的常用设备,常用于切齐包缝面料边缘、拼合衣片及配以辅助夹具进行针织衣片的折边等。工厂还常用包缝机不穿线来进行单纯的切边加工。包缝线迹为网状结构,有较好的弹性与包裹性,缝后可防止衣片边缘脱散。包缝机的机构特点是:箱形结构,零件短小,紧凑;运动惯性小,平稳,适合高速;不用像平缝机一样换梭芯,效率高。

一、包缝机的类型

1.按线数分

(1)单线包缝机:用一根直针、两根叉针穿套线迹。用于易拆的假缝边,如包装袋封口。

(2)双线包缝机:用一根直针、一根弯针、一根叉针穿套线迹。用于缝合布匹接头和针织衣片折边。

(3)三线包缝机:用一根直针、两根弯针穿套线迹。常用线迹有504,505,如图5-47所示。用于衣片的包边,针织衣片的拼合、折边。线迹可靠,是服装行业应用最广的机种。

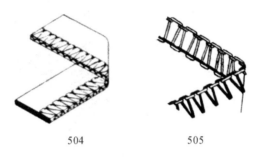

504　　　　　　　　　505

图5-47　三线包缝线迹

(4)四线包缝机:用两根直针、两根弯针穿套线迹。常用线迹有512,514,如图5-48所示。用于针织衣片需加固部位的拼合,如肩缝。

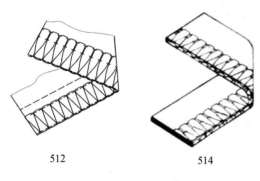

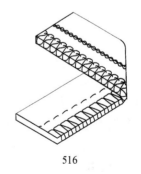

512　　　　　514　　　　　　　　　516

图5-48　四线包缝线迹　　　　　图5-49　五线包缝线迹

（5）五线包缝机：用两根直针、三根弯针穿套线迹。线迹为双线链缝与三线包缝的复合，常用线迹有516（504＋401），如图5-49所示。用于衣片的链缝拼合加包边的联合加工。线迹美观，效率高。

（6）六线包缝机：用三根直针、三根弯针穿套线迹。线迹为双线链缝与四线包缝的复合，比五线包缝线迹更牢固。也用于连包带缝的加工。

2．按速度分

（1）中速——最高速度为3000～4500r/min，如GN1-1、GN1-2型包缝机，结构简单、紧凑，人工润滑，价格低廉，用于小批量生产中。

（2）高速——最高速度为5000～7000r/min、如GN2-1、GN5-1、GN6、GN20型包缝机，结构有很大改进，零件选用轻质合金，全自动润滑。

（3）超高速——最高速度在7500r/min以上，如GN11004五线、GN32-3三线、GN32-4四线包缝机，采用冷却装置、静压式主轴轴承及风扇空冷的多级压力油泵润滑。

包缝机主要技术参数为缝纫速度、最大缝厚、最大针距、线迹类型、缝线根数。

二、三线和五线包缝机的构造、工作原理及使用

（一）GN1-1三线中速包缝机

如图5-50所示为整机外形。

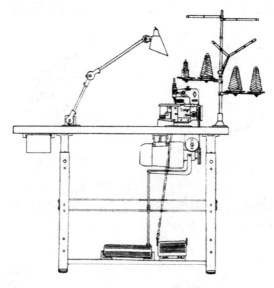

图5-50　GN1-1中速包缝机

1．主要机构及基本工作原理与作用

如图5-51所示，为主要机构的工作原理图。

形成包缝线迹的主要机构有机针机构、钩线机构、挑线机构、送料机构、切边刀机构。电动机带动主轴转动，主轴再分别带动各机构动作。

（1）机针机构

如图5-51所示，主轴上的直针球面曲柄转动拉动大连杆上下运动，通过可调摆杆、上轴使摆杆上下摆动，再通过链节形连杆、针杆夹头使针杆和机针做倾斜的上下运动。调节摆杆

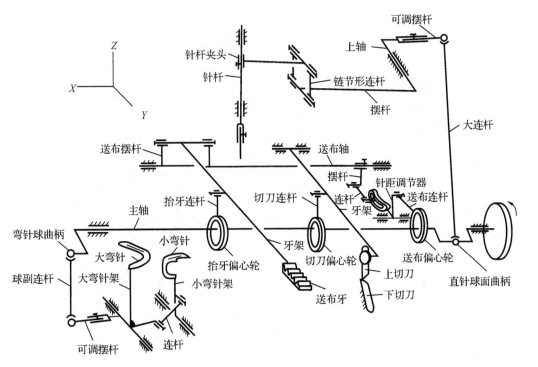

图 5-51　GN1-1 包缝机工作原理图

可调节针杆的运动行程,摆杆调长,针杆动程减小;反之增大。其作用是带线穿套大弯针线环和穿刺缝料到最低点后回升形成线环供小弯针穿套。

（2）钩线机构

如图 5-51 所示,主轴上的弯针球曲柄转动拉动球副连杆上下运动,通过可调摆杆摆动带动大弯针架和大、小弯针左右摆动。其作用是:小弯针向左运动时穿套直针线环,并形成三角线环供大弯针穿套;大弯针向右运动时穿套小弯针线环,并形成三角线环供直针穿套。

（3）挑线机构

如图 5-52 所示,包缝机的直针与弯针的挑线装置是相互独立的,直针为针杆挑线,由针杆上下和随针杆上下的小夹线器配合完成送线和收线,大小弯针的挑线装置是大小弯针架上都装有对方的收线器,由于大小弯针的动作正好相反,于是相向动作时送线,向背动作时收线,从而为形成线迹完成送线、收线和抽取新线的任务。

（4）送料机构

如图 5-51 所示,主轴上的送布偏心轮转动,拉动送布连杆、针距调节器及连杆带动摆杆摆动,通过送布轴和送布摆杆带动送布牙架和送布牙前后动作;而主轴上的抬牙偏心轮转动推动送布连杆上下运动,则带动送布牙架和送布牙上下动作。连杆接头沿针距调节器弧形槽向外移动,相当于连杆增长,使送布摆杆摆幅增大,针距变大;反之变小。其作用是:当缝针完成一个线迹的穿套时,带动缝料向前走过一个针迹,便于下一针迹的形成。

（5）切边刀机构

如图 5-51 所示,主轴上的切刀偏心轮转动推动切刀连杆上下运动,带动刀架和上刀上下动作,由固定的下刀配合完成切布边任务。其作用是:切齐布边,保持线迹整齐。

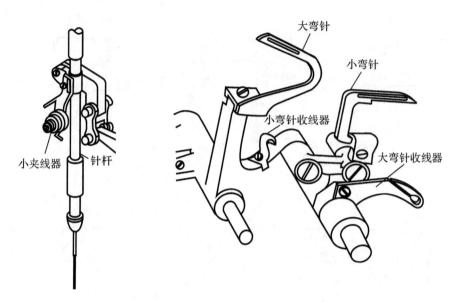

图 5-52　挑线机构示意图

2.GN1-1 包缝机主要成缝构件的配合标准

（1）直针与小弯针的配合

直针运动至最低位置、小弯针运动至左极限位置时，小弯针尖距直针中心线为 3.5～4.8mm，如图 5-53（a）所示。小弯针处于钩线位置时，小弯针尖处于直针孔上沿 2mm，并两者保持 0.1～0.2mm 的间隙，如图 5-53（b）、（c）所示。

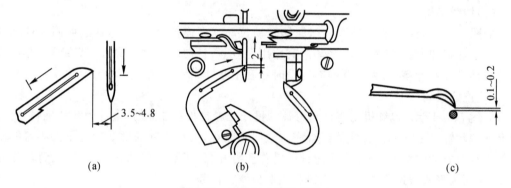

(a)　　　　　　　　　　(b)　　　　　　　　　　(c)

图 5-53　直针与小弯针的配合

（2）大、小弯针的配合

大弯针运动到小弯针颈部穿套小弯针线环时，两弯针间保持 0.1～0.2mm 的间隙，如图 5-54 所示。

（3）直针与大弯针的配合

大弯针左摆，第一穿线孔到直针中心线时，直针针尖在弯针第一穿线孔以下 1.5～2mm，如图 5-55（a）

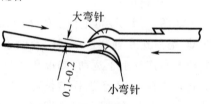

图 5-54　大、小弯针的配合

所示；大弯针运动至左极限位置时针尖与直针中心线距离保持在 7.1～8.7mm，如图 5-55（b）所示；当大弯针弧形背与直针相遇时，有 0.1～0.2mm 的间隙，如图 5-55（c）所示。

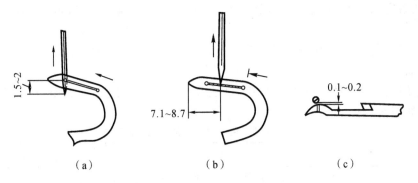

图 5-55　直针与大弯针的配合

3. GN1-1 包缝机的使用

(1)由于新机器零部件表面会有毛刺,在磨合期内使用转速不能超过最高转速的 80%。

(2)机针用 81×1 型,针号与缝线的粗细选择与平缝机相同,机针的安装须注意针柄装到顶,长针槽正对操作者,用扳手旋紧紧针螺母。

(3)穿线方法如图 5-56 所示。

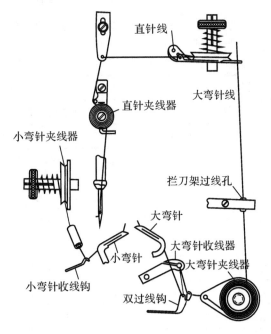

图 5-56　GN1-1 包缝机穿线示意图

(4)线迹宽度调整就是改变切刀与直针之间的距离。切刀右移,线迹变宽;反之变窄。切刀的位置由下切刀决定。工作时下切刀固定、上切刀靠弹簧紧贴下切刀随刀架沿下切刀上下运动,完成切边动作;切刀调整时,先松开拦刀架,然后旋松下刀架固定螺丝,便可转动下刀架调节螺丝,使刀架左右移动。切刀位置变动后,需调节编结块的位置,保持编结块与上切刀运动线的间隙为 1~2mm。

(5)切刀装卸时,应先松开拦刀架,右移。拆上刀,旋松上刀紧固螺丝,即可抽出上刀;拆下刀,旋松下刀紧固螺丝,即可抽出下刀。安装切刀时,应先安装下刀,下刀刀刃必须与针板面平齐,然后安装上刀,使上刀运动到最低位置时,和下刀重叠 0.5mm,最后左移拦刀架紧固。

(6)机器的润滑,在日常连续使用时,各加油孔及有相对运动的部位应每 4 小时加一次洁净的机油。

(7)包缝机的常见故障有跳针、断针、断线及针迹不整齐、边缘毛糙等,产生原因及故障排除方法如表 5-8 所示。

表 5-8　GN1-1 包缝机常见故障及排除方法

可能出现的故障	产生原因	排除方法
针迹不均匀或不整齐	机针、大弯针、小弯针上的缝线松紧配合没有调好	重新调整三线张力
	各种夹线板之间积有纤维或污垢	拆开夹线板,将纤维和污垢清除
	过线钩或过线板孔生锈	用细砂布将铁锈擦掉磨光滑
	线的粗细不均匀	换用质量好的线
跳　针	针杆位置安装不准确或机针没有上到顶	重新调整针杆位置或重新安装机针
	机针装反	重新机针
	大、小弯针变形或紧固螺钉松动产生移动,或三针配合不良	更换变形弯针,按要求旋紧松动的紧固螺钉,重新调整三针配合关系
	机针尖部弯曲、磨钝或机针型号选用不当	更换新机针,选用适当的机针
	刀片磨钝	研磨上、下刀片
断　针	针杆位置太低	将针杆调节到正确位置
	大弯针或小弯针移位	校正大、小弯针位置
	操作者用力推拉缝件或用力拉线辫子	机器工作时应让缝件自然前进,包缝结束时,用剪刀(或机器上的刀子)剪断线辫子
断　线	针号和线号不适应	换用适当的针和线
	机针孔毛糙,机针质量差	用细砂布(或条)打光毛糙处,更换新针
	线的质量太差	更换质量较好的线
	穿线顺序错误	重新按正确顺序穿线
	夹线器太紧	适当调松有关夹线器
	过线处有毛刺	用细砂布磨光毛刺
	刀片磨钝	研磨上、下刀片
缝制较狭窄的针迹时损坏编结导块	机针弯曲后,和编结导块碰撞	换用新机针
针缝边缘毛糙不整齐	切边刀变钝,编结导块位置没调整好	研磨上、下刀片,重新调整编结导块的位置

(二)GN20-3 三线、GN20-5 五线高速包缝机

GN20-3,GN20-5 包缝机的外形分别如图 5-57 和 5-58 所示。

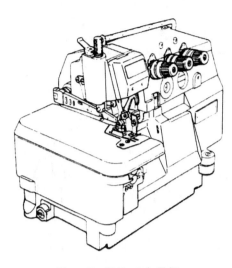

图 5-57 GN20-3 包缝机

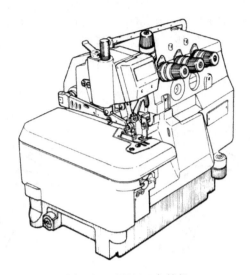

图 5-58 GN20-5 包缝机

GN20-3 包缝机的线迹与 GN1-1 中速包缝机一样为三线包缝线迹,GN20-5 包缝机的线迹是双线链缝线迹与三线包缝线迹的组合,为五线包缝线迹,它将缝合与包边两道工序合二为一,可提高工作效率。如果形成双线链缝线迹的直针与弯针不穿线,也可当作三线包缝机使用。

1.GN20-3,GN20-5 包缝机的结构与性能特点

由于高速包缝机速度高,会比中速产生较大的惯性、较高的热量、较快的磨损,因此对其机械零部件与运动副的要求比中速包缝机高。GN20-3,GN20-5 包缝机与 GN1-1 包缝机相比,在构造上作了较多的改进。为减小惯性,针夹改用了轻质合金;为减小摩擦,转动轴的轴承改用了滚动轴承,润滑改成了自动供油;为降低针温附设了硅油装置;为使负荷合理,大小弯针采用了分别传动,调节更为方便;为解决面料缩皱或被拉长的问题,送料机构改成了差动式送料,机械性能与使用性能有了较大的提高,能使薄料缝后平挺,弹性面料缝后不伸长,吃势部位吃势均匀,需抽细褶的缝料褶裥匀称,对各种性质的缝料均能进行高速、高质量地包缝,因此其在服装企业得到广泛使用。

2.GN20-3,GN20-5 包缝机主要成缝构件的配合标准

(1)直针(GN20-5 为右直针)与针板的配合

直针上升至最高位置时,直针尖到针板上平面之间的距离为 9.9～10.1mm,如图 5-59 所示。

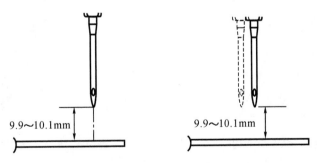

图 5-59 直针与针板的配合

(2)下弯针与直针(GN20-5 为右直针)的配合

下弯针处于左极限位置时,弯针尖与直针中心线之间的距离为 3.8～4.0mm,如图5-60所示。弯针尖运动至直针中心线时,弯针尖与直针前后之间的距离为 0～0.05mm,如图5-61所示。

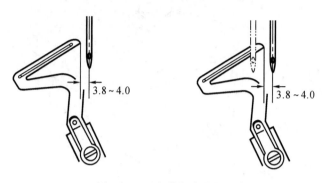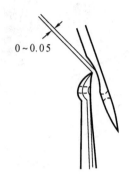

图 5-60　下弯针与直针的配合　　　　　　图 5-61　下弯针与直针的配合

(3)上弯针与直针(GN20-5 为右直针)的配合

上弯针处于左极限位置时,弯针尖与直针中心线之间的距离为 4.5～5.0mm,如图 5-62所示。

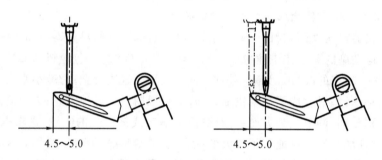

图 5-62　上弯针与直针的配合

(4)直针(GN20-5 为右直针)与前护针板间隙

当直针处于最低位置时,前护针板与直针间隙为 0.1～0.2mm。如图 5-63 所示。

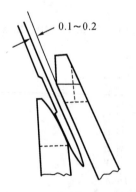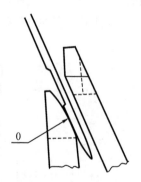

图 5-63　直针与前护针板配合　　　　　　图 5-64　直针与下弯针保护板配合

（5）直针（GN20-5 为右直针）与下弯针保护板间隙

下弯针尖运动至直针中心线时，直针与下弯针保护板间隙为 0mm，如图 5-64 所示。

（6）上下弯针间隙

当上下弯针交叉时，它们之间的间隙为 0.2mm 和 0.5mm，如图 5-65 所示。

图 5-65　上下弯针配合

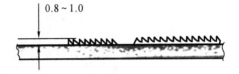

图 5-66　送布牙位高度示意图

（7）送布牙位高度

当送布牙位于最高位置时，从主送布牙的后齿尖到针板上平面的距离为 0.8～1.0mm，如图 5-66 所示。

（8）压脚提升高度

压脚提升时，从压脚底平面到针板上平面间的距离为 5mm，如图 5-67 所示。

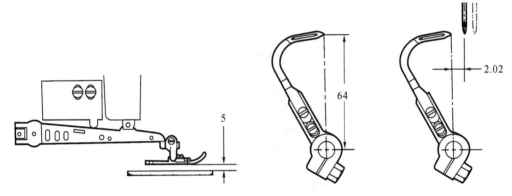

图 5-67　压脚提升高度示意图　　　　　　图 5-68　前弯针位置示意图

（9）GN20-5 前弯针与左直针（形成链缝线迹的弯针与直针）的配合

前弯针轴中心到针尖距离为 64mm，前弯针在左极限位置时弯针尖到左直针中心距离为 2.02mm，如图 5-68 所示。

3. 使用与保养

（1）新机磨合

新机器零部件表面可能会有毛刺，高速时会拉伤运动表面。因此，开始使用新机器时，最初一个月内，缝速不得超过额定最高缝速的 80%，电机上安装直径较小的控制皮带轮，一个月后，方可提高缝速，正常运行。

（2）机器的润滑

高速包缝机为自动供油，如图 5-69 所示。缝纫机内的油量应使油量显示器杆的顶端经常保持在油位计两根红线之间，旋开机头上方的注油盖螺钉可注入机油，注入油量约 900mL，应使用特 18# 高速工业缝纫机油。在使用过程中，供油系统工作正常时，油量监视器应呈绿色，当出现红色时，表明供油工作不正常，应及时检查油量是否达到规定的要求或检查滤油器是否有问题。

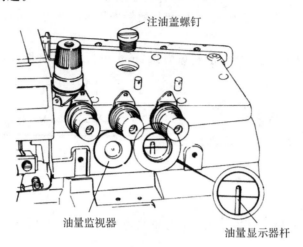

注油盖螺钉

油量监视器

油量显示器杆

图 5-69　润滑油量显示示意图

一般滤油器半年检查一次,并进行调换。检查调换顺序是:松开螺钉,取下滤油器盖,检查或调换滤油器,重新装好滤油器。如图 5-70 所示。

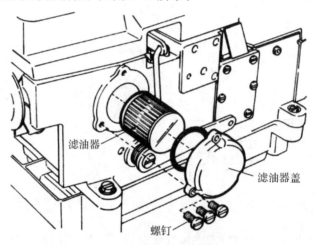

滤油器

滤油器盖

螺钉

图 5-70　滤油器拆装示意图

机针润滑是在硅油盒中直接加入硅油,如图 5-71 所示。

开箱后第一次使用的机器,或长期不用的机器重新使用时,务必用油壶在油孔、针杆轴套、上弯针夹紧轴三处各加油 2~3 滴,即使每天使用的机器在开始使用前也要给各油孔加一次适量的润滑油如图 5-72 所示。

机器每月换一次油,换油时需将油盘中的旧油全部排出,排油时,拆下机头,卸下油盘左侧的排油螺钉即可。排完后再拧上螺钉,换上新油,如图 5-73 所示。

(3)机针的选用和安装

GN20 系列包缝机随机所带机针为日本风琴牌 DC×27 型,若换用其他机针,弯针和护针板需要作相应调整。机针安装时针杆要顶足装针孔孔底,使长针槽对着操作者。

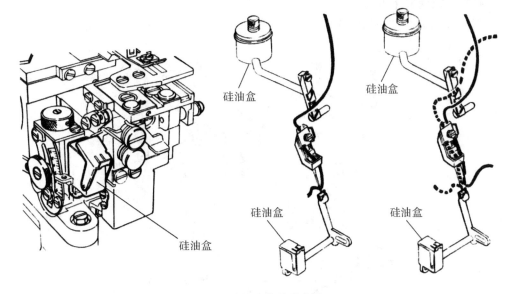

图 5-71 硅油装置示意图

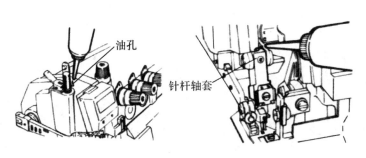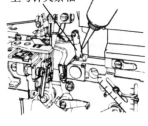

图 5-72 加油部位示意图

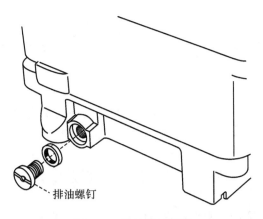

图 5-73 排油孔示意图

（4）穿线及缝线张力调整

GN20-3 的穿线方法如图 5-74 所示，GN20-5 的穿线方法如图 5-75 所示。

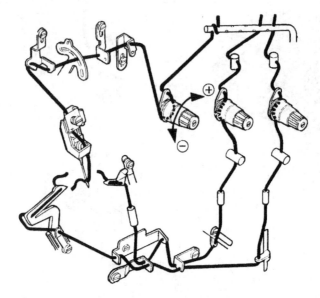

图 5-74　GN20-3 的穿线方法示意图

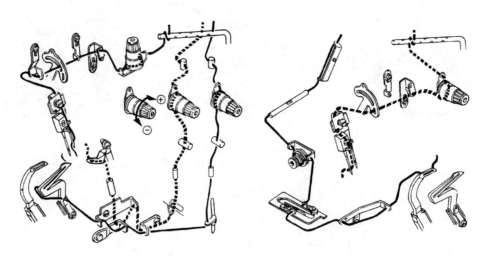

图 5-75　GN20-5 的穿线方法示意图

缝纫时，缝线张力随缝料的厚度、包边的宽度及线迹的长度而变化，可通过各缝线夹线器的调节螺母来调整，顺时针旋转则加大张力；反之减小张力。

（5）压脚压力

压脚压力调整如图 5-76 所示。压力调节螺钉顺时针旋转则压力加大，反之压力减小。

（6）针距调节

针距调节的原理是调节送布偏心轮的偏心距来改变送布的快慢，用按钮式结构操作。如图 5-77 所示，当左手按住针距调节按钮时，右手转动手轮，在感到按钮在某个位置被压入后，继续转动手轮，使手轮上相应的刻度对准机上标志线，便可获得需要的针距，此时松开按钮使其复位，就可以用改变后的针距进行缝纫。表 5-9 所示为差动比最大时的刻度与针距的对应关系。

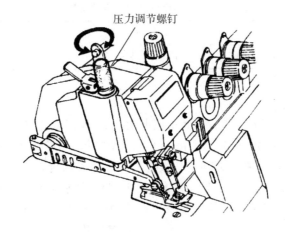

图 5-76　压力调节示意图

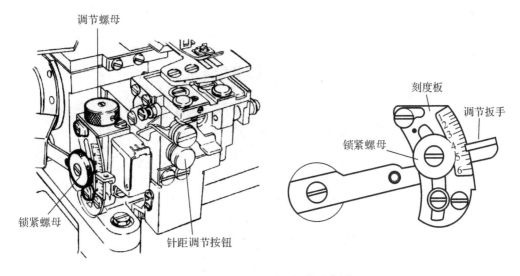

图 5-77　针距和差动比调节示意图

表 5-9　差动比最大时的刻度与针距的对应关系

手轮刻度标号	1	2	3	4	5	6	7
对应针距(mm)	1	1.5	2	2.5	3	3.5	3.8

(7)差动比调节

差动比是指主送布牙和差动送布牙的速度之比。在确定的针距下,主送布量为定值。差动送布牙比主送布牙快称正差动,反之为负差动。正差动形成推布缝纫,可防止弹性面料拉长或打褶包缝时得到想要的皱缩;负差动形成拉布缝纫,可防止滑性面料或薄料起皱。缝制普通面料时,可将差动比调成 1∶1,称零差动。

差动比调节如图 5-77 所示。打开缝台后,松开锁紧螺母,然后旋转调节螺母,逆时针转,调节扳手下移,差动比增大;反之减小。待调整完后拧紧锁紧螺母即可。表 5-10 所示为差动扳手定位刻度与差动比的对应关系。

表 5-10　刻度与差动比的对应关系

刻度板刻度	1	2	3	4	5
对应差动比	1：0.7	1：1	1：1.4	1：1.7	1：2

（8）包缝线迹宽度调节

包缝线迹宽度是由切刀与直针位置的间距决定的，间距变宽，线迹宽度加大；反之变小。如图 5-78 所示调节时变动刀的位置。由于上下刀紧贴靠下刀架的弹力作用，所以调节方法是先松开下刀架紧固螺钉，将下刀架推到最左位置后暂时固定，再松开上刀架紧固螺钉，将上刀架移到希望位置后紧固，然后转动手轮，使上刀根部高出针板上表面约 0～1.0mm 如图 5-79 所示，再松开下刀架紧固螺钉使下刀在弹力的作用下紧贴上刀，最后拧紧下刀架紧固螺钉完成。该机型的编结块固定在针板上，当线迹宽度调节量较大影响线迹整齐时，需更换针板，有 4 种规格可选用。

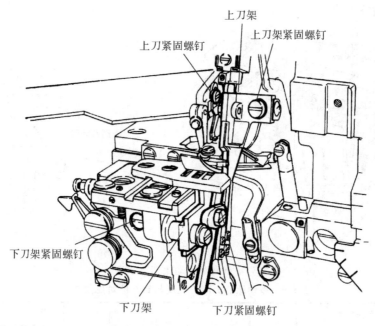

图 5-78　切刀位置示意图

（9）切刀的更换与调节

更换上下切刀时，都要先将下刀移到最左位置进行。换上刀时拧松上刀紧固螺钉，取下旧刀换上新刀，固定上刀时要转动手轮，使上刀架处于最低位置，让上刀与下刀重合 0.5～1.0mm，如图 5-80 所示，以便上下刀咬合切割；换下刀时，拧松下刀紧固螺钉，取下旧刀换上新刀，使其刀刃与针板上平面平齐再拧紧下刀紧固螺钉；上下刀换好后，同样转动手轮，使上切刀根部高出针板上表面约 0～1.0mm，如图 5-79 所示，再松开下刀架紧固螺钉使下刀在弹力的作用下紧贴上刀复位，最后拧紧下刀架紧固螺钉完成。

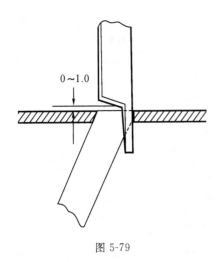

0~1.0

图 5-79

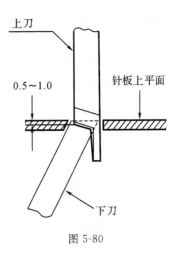

上刀

针板上平面

0.5~1.0

下刀

图 5-80

(10)机器的日常保养

每天使用后应及时做好清洁工作,需打开前门板和缝台用毛刷清扫针板、针夹、送布牙、弯针等缝纫、切割部位,用布擦净工作台面,特别是衣片会碰到的部位更要注意干净无油污。每天需观察润滑油窗注意油量,使其处于正常润滑状态。

4.常见故障的产生原因与排除方法(见表 5-11)

表 5-11 GN20 包缝机常见故障的产生原因与排除方法

故障现象	原 因	排除方法
断直针线	线穿错	按规定重新穿线
	线架上方的过线钩与机针线轴不在一条垂线上	调整线架
	线的张力太大	调小
	线质量差	选用强度够质量好的缝线
	机针针孔堵塞或针尖钝秃	重换新针
	直针钱过线零件的过线孔有毛刺	修光或更新零件
	针板上直针通道周围有毛刺	修光或换新针板
	下弯针有毛刺	修光或换新弯针
	直针与前护针板间距过小	按规定重新调整
断弯针线	线穿错	按规定重新穿线
	线架上弯针线过线钩与弯针线轴不在一条垂线上	调整线架
	线的张力过大	调为合适张力
	线质量差	换强度大质量好的缝线
	弯针挑线杆位置不好	调至正确位置
	弯针线过线零件的过线孔有毛刺	修光或更换零件
	针板上有毛刺	磨光或更换新针板
上弯针线跳针	上弯针与机针定位不准	调整上弯针,使上弯针运动至左极限位置时,保证上弯针针尖到机针中心线水平距离为 4.5~5mm
	上弯针与机针间隙太大	调整上弯针,向机针靠拢,使其间隙不大于 0.05mm

故障现象	原　　因	排除方法
下弯针钱跳针	上、下弯针交叉时间隙过大	在保证上、下弯针与机针配合的前提下,调整上、下弯针间隙
机针线跳针	机针弯或针尖毛	调换机针
	机针安装不对	重新安装,使机针长槽正对操作者,并且机针要顶住装针孔底
	下弯针定位不准	调整下弯针,保证当下弯针运动至左极限位置时,下弯针尖与机针中心线水平距离为3.8～4mm
	下弯针与机针间隙太大	将下弯针调近机针,间隙不大于0.05mm
断机针	下弯针运动中碰撞机针	调整下弯针与机针的间隙为0～0.05mm
	缝厚料时机针偏细	换大1～2号机针
	机针与前护针板间隙过小	调整护针板,当机针运动至最低位置时,前护针板与机针的间隙为0.1～0.2mm
	缝线质量差,粗细不匀	换质量好的缝线
	压脚槽与机针碰撞	调整压脚位置
缝包边线迹时机针线紧	机针出线量不足,机针线夹线器压力过大,下弯针线出线量过多或夹线器压力过小	调整机针挑线杆位置加大出线量,调整机针夹线器压力,调整下弯针出线量或夹线器压力
缝包边线迹时机针线松	机针夹线器压力太小,出线量过多,下弯针夹线器压力过大	调整机针夹线器压力,调整机针挑线杆减少出线量,调整下弯针夹线器压力
上、下弯针线交织点位于缝料上表面	上弯针线过紧或下弯针线过松	正确调整弯针过线零件位置及夹线器压力
缝制滑性较大的缝料时起皱	无逆差动或逆差动比太小,压脚底面与送布牙齿面接触面偏小	调大逆差动比,调整压脚位置
缝制弹性较大缝料时产生拉伸造成起皱	顺差动比小	调大顺差动比
缝制弹性较大缝料时产生缩短造成起皱	顺差动比大	调小顺差动比
缝制两层缝料时上下不齐,下层变短	压脚压力过小,压脚底面不光滑,送布牙齿太粗	调大压脚压力,磨光压脚底面,换用细牙送布牙

第四节　链缝机

　　链缝机是服装企业里常用的缝纫设备。链缝机按机针分可分为单针、双针和多针链缝机。其形成的线迹除单针机有单线链式线迹和双线链式线迹外,其余机种都为双线链式线迹,由一根直针和一根弯针对应穿套形成。于是,多针链缝机有几根直针就有几根弯针,同时形成几条双线链式线迹,所以链缝机往往以针数来命名。由于单线链式线迹没有底线,而双线链式线迹的特点是底面线线环相互穿套,不需换锁芯供线,所以链缝机能连续地工作,工作效率高,线迹牢固而富有弹性。服装生产多采用双线链式线迹。

　　单针双线链缝机形成的双线链式线迹多用于针织类服装和机织类服装的缝合加工,如针织面料衣片的拼缝、机织面料的西裤裆缝等;双针链缝机(如埋夹机),配上特种夹具,能一次性完成两道双线链式线迹,如男衬衣下摆缝和牛仔裤裤腿栋缝及裆缝的缝制,两道线迹整齐且富有弹性;而多针链缝机可一次缝出多道平行的双线链式线迹,多用于松紧带腰或松紧带克夫的缝制,如夹克衫、运动衫的下摆、袖口处的松紧带缝制以及休闲内衣、沙滩裤等的腰间松紧带缝制等。

　　双线链式线迹链缝机的工作原理基本相似,现介绍单针双线链缝机和多针链缝机的两种机型。

一、单针双线链缝机

　　单针双线链缝机外形如图 5-81 所示。

图 5-81　单针双线链缝机

1.机构组成与工作原理及作用

单针双线链缝机也由针杆机构、挑线机构、弯针机构和送布机构组成。

(1)针杆机构

与平缝机相同。

(2)挑线机构

由于形成线环时用线量较少,为针杆挑线。在针杆头上装有穿线孔和夹线器与针杆一起运动,下降时释放缝线,上升时拉紧缝线形成线迹,并从线轴上拉出形成下一个线迹所耗用的缝线。底线的收放由底线凸轮完成。其作用是输送形成线迹所需的缝线并在缝针完成穿套后收紧线迹。

(3)弯针机构

要满足弯针在直针后穿套直针形成的线环,又要满足直针在弯针后穿套弯针形成的三角线环,弯针需有左右穿套线圈运动和前后让针运动,其运动轨迹如图5-82所示,Ⅰ为弯针穿套直针线环轨迹,Ⅱ为弯针让针运动轨迹,Ⅲ为弯针回退形成三角线环轨迹,Ⅳ为弯针复位运动轨迹。弯针的运动由弯针机构实现,如图5-83所示,下轴上的曲柄通过连杆、摆杆的空间连接,使弯针进行左右穿套线圈运动,而偏心轮则通过摆杆带动弯针前后让针运动。其作用是:为形成线迹使弯针穿套直针线环,并形成三角线环供直针穿套。

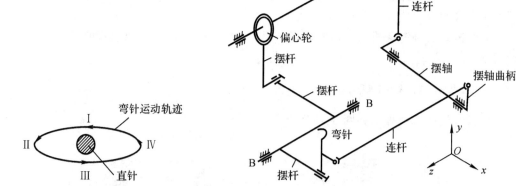

图 5-82 弯针针尖运动轨迹图　　　　　图 5-83 弯针机构传动示意图

(4)送布机构

送布牙的前后运动和上下运动,分别由送料偏心轮和抬牙偏心轮传动,如图5-84所示。针迹可通过改变铰链 A 在滑槽中的位置来调节。其作用是:当缝针完成一个线迹的穿套时,带动缝料向前走过一个针迹,准备下一针迹的形成。

2.弯针和直针的配合

(1)弯针和直针左右位置

弯针运动至极右位置时,针尖到直针中心线之间距离为 2~2.5mm,如图 5-85所示。可通过摆轴曲柄相对摆轴的位置或与之连接的连杆长度来调整,如图 5-83

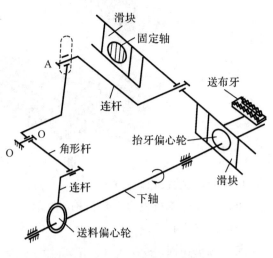

图 5-84 送布机构传动示意图

所示。

（2）弯针和直针前后位置

弯针从直针后面通过，不碰，间隙尽可能小，弯针从直针前面通过，可有轻度的接触。

（3）弯针和直针上下位置

保证弯针尖向左向右运动经过直针时，都在直针针孔上沿以上 1.5～2mm，如图 5-86 所示，可以弯针为基础来调直针的高度。

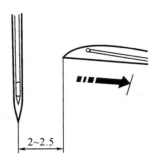

图 5-85　弯针和直针左右位置配合

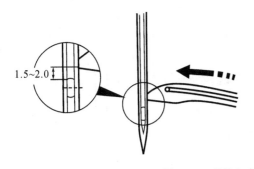
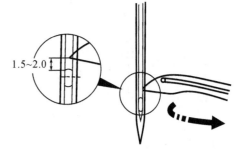

图 5-86　弯针和直针上下位置配合

二、多针链缝机

多针链缝机是由多枚直针和相配的多枚弯针完成相同的复合运动，分别形成多条相互独立而平行的双线链缝线迹。线迹整齐美观，具有良好的伸缩性。在多针链缝机中，成缝原理与单针链缝机相似，而弯针机构的动作与单针链缝机有所不同，其弯针的向前运动为钩线环运动，且弯针线环靠拨线杆拨开来让直针顺利穿套。多针链缝机的线数是针数的两倍。

多针链缝机整机外形如图 5-87 所示。

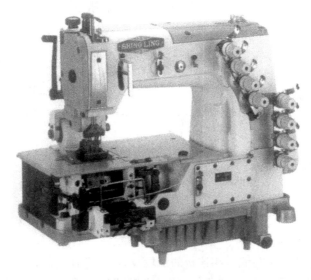

图 5-87　多针链缝机

1.主要机构的作用及工作原理

（1）针杆机构

针杆的上下运动是为了把缝线送到缝料的反面，让弯针钩取，并与弯针线穿套。

针杆上下运动的动力来自主轴曲轴（见图 5-88），曲轴旋转时把它的高低变化量通过连杆，使摆动杠杆以 A 点为支点产生上下摆动，这个上下摆动量在杠杆的另一端呈孤线，通过小连杆的调节，使得针杆产生上下直线运动。

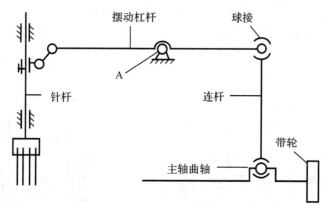

图 5-88　针杆机构示意图

（2）弯针机构

弯针的前后运动是钩取直针运动到最低位置后上升时形成的线环，并形成三角线环，使弯针线与直针线环相互穿套。

如图 5-89 所示，主轴上的凸轮通过连杆、曲柄，使弯针摆动轴摆动，穿底线时，针架固定轴向左拉，可以使弯针架倾倒便于穿线，穿完后复位。

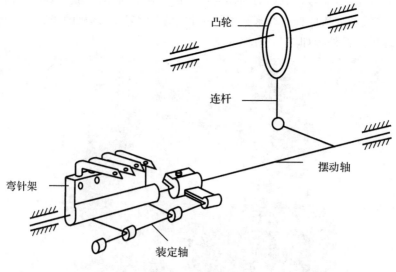

图 5-89　弯针机构

（3）拨线机构

拨线机构拨开弯针头上与缝料相连接的那段线，形成弯针线环，使直针下行时穿套。由于弯针只有前后的摆动，没有纵向的移位动作，要依赖拨线杆的摆动，把这段线向右拨开一些,以利直针穿套,如图 5-90 所示,(a)为俯视图、(b)为侧视图。

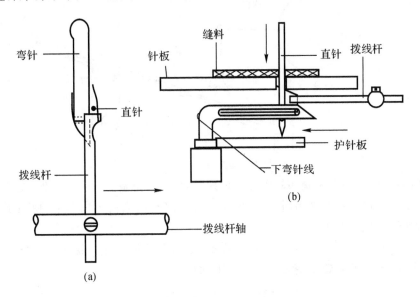

图 5-90　拨线机构

拨线杆的左右摆动也来自主轴曲轴,如图 5-91 所示,曲轴的旋转通过连杆使拨线摇杆以 A 点为支点摆动,这个摆动量使安装在拨线杆轴上的拨线杆产生左右摆动,实施拨线。

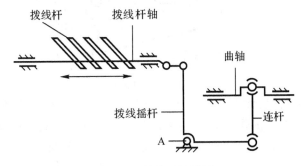

图 5-91　拨线机构简图

(4)打线机构

打线机构释放形成线迹所需的底线并在缝针完成穿套后压紧线迹。由压线杆上下动作来完成对底线的压下和放松,实现收线和送线。

如图 5-92 所示,偏心凸轮通过连杆使三角摇杆左右摆动,三角摇杆的另一端则产生上下运动,实现打线。

多针链缝机的面线挑线机构属于针杆挑线机构。针杆上端的过线板随着针杆的下行而送线、针杆的上行而收线。

(5)送料机构

当缝针完成一个线迹的穿套时,送料机构带动缝料向前走过一个针迹,准备下一针迹的形成。

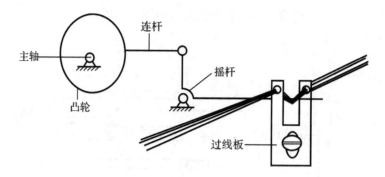

图 5-92　打线机构

　　多针链缝机由送布牙和拖布轮配合完成送料,由于在缝制松紧带操作时,缝工需要把松紧带拉开,因此在机针离开缝料时,人工的拉力会使缝料向人的方向牵动,使用了拖布轮协助送料,就使送料从容有力。

　　送布牙机构类同于绷缝机,如图 5-93 所示,主轴上的可调偏心轮通过连杆使送布牙架产生前后摆动,抬牙偏心轮则使牙架产生上下动作。

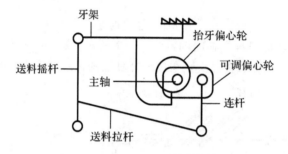

图 5-93　送料机构

　　拖布轮安装在压脚的后面,有上下一对,如图 5-94 所示,上轮为主动轮,下轮为被动轮,上轮能提起和放下,在拉杆的作用下,产生间歇步进运行动作。上轮内部装有步进单向运转的棘轮,其功能相当于自行车的链轮,当拉杆向前推动时,棘轮咬住,带动上拖布轮转动一个角度;当拉杆向后拉动时,棘轮内空转,拖布轮不转。

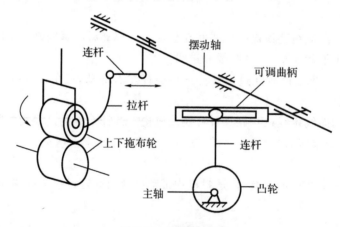

图 5-94　拖布轮转动

　　上拖布轮的运动来自主轴上的凸轮,通过连杆和可调曲柄使摆动轴摆动,摆动轴又通过曲柄和连杆使拉杆动作,拉杆就推动棘轮产生间歇步进运行。

2.主要成缝构件的配合与调节

(1)直针、弯针的配合与调节

如图5-95所示,直针最高位置时距针板上平面14mm;直针最低位置时,弯针尖距直针2.6mm,直针与护针板的距离为0.05mm;弯针与直针交会时,弯针尖距直针的间隙为0.05mm。

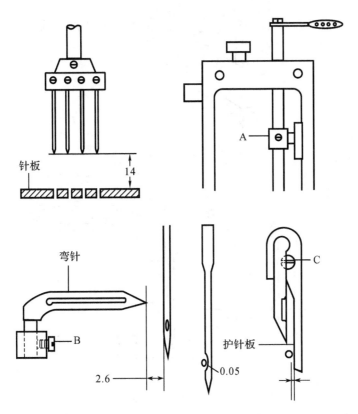

图5-95　直针、弯针及护针板的配合与调节

调节方法:旋松图5-95中针杆夹紧螺丝A,调节针杆高低;旋松图5-95中弯针支紧螺丝B(即图5-96中的弯针支紧螺丝C),调节弯针与直针的间隙为0.05mm;旋松图5-95中护针板压紧螺丝C,调节直针与护针板的间隙为0.05mm。旋松图5-96中螺丝A,调节弯针摆动架,使直针最低位置时,弯针尖距直针2.6mm。

(2)拨线杆与直针和弯针的配合与调节

如图5-97所示,拨线杆从右向左摆动时,经过直针的前端的距离为0.5~0.8mm,拨线杆在最左位置时,拨线杆的右边在弯针的中心线上,距弯针的右边约0.5mm,拨线杆与弯针的上下间隙为0.1mm(不触及弯针)。

调节方法:旋松拨线杆支紧螺丝A,调节拨线杆与直针前端的距离;旋松拨线轴固紧螺丝B,调节拨线杆与弯针的上下和左右距离。

(3)弯针钩线时间的调节

如图5-98所示,直针从最低点向上运行,弯针尖向着操作者方向运动到达直针中心线

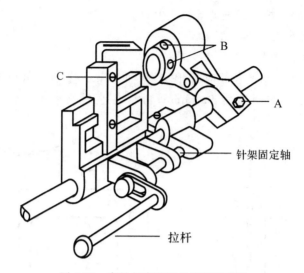

图 5-96　弯针与直针同步调节示意图

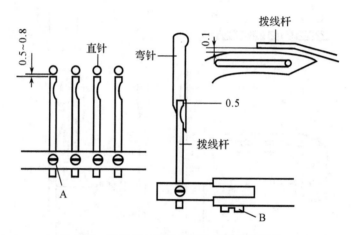

图 5-97　拨线杆与直针和弯针的配合与调节

时,应处于直针孔上沿 1mm;直针从上往下运动时,弯针背离操作者后退,弯针尖到达直针中心线时,应处在直针孔上沿 2.5mm。

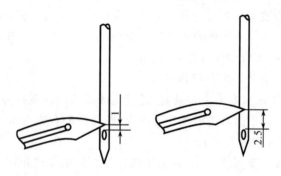

图 5-98　弯针与直针同步配合示意图

调节方法:如图 5-96 所示,旋松弯针摆动凸轮两个固紧螺丝 B,把凸轮向机器运转的方向转,弯针动作时间变快;反之则慢。

（4）打线杆打线时间的调节

底线打线杆的标准打线时间应为：当直针上升接近最高点时，打线杆下行触及底线。

调节方法：如图 5-99 所示，旋松主轴上打线凸轮的两个固紧螺丝，把凸轮向机器运转方向转动，打线时间变快；反之则慢。

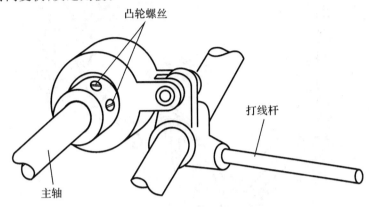

图 5-99　打线杆打线时间的调节

（5）针距大小的调节（这里指的是送布牙每送一次的距离）

如图 5-100 所示，用小扳手拧松机器左侧面调节送料的紧固螺帽 A（注意此螺帽为倒牙螺丝，顺时针方向拧为松），用螺丝刀调节螺丝 B，滑块向上移动，针距小；反之则大。

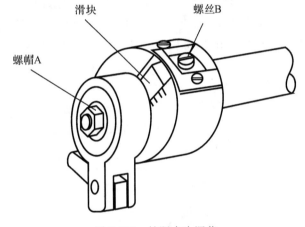

图 5-100　针距大小调节

三、多针链缝机的运用

1. 正确穿引底面线

面线的穿引方法应遵循：面线的几根线经过夹线器时，应从上到下；经过中间过线道时，应从里到外；到针杆挑线杆时，应从左到右。

底线的穿线方法类同于面线，穿弯针线时，把弯针架固定轴拉出，使弯针架倾倒，注意用左手拉动时，用右手护住弯针架，以免针架瞬间倾倒损坏弯针头，或不小心扎破手指，穿好线后必须把针架推上，否则会折断直针。穿线顺序如图 5-101 所示。

一般新车来时已穿好线，每次使用后或更换线时，注意不要把线全部拉掉，应从线架穿线杆与线团处把线折断，接好线后，就可抬压脚松开夹线器，把线全部拉出。

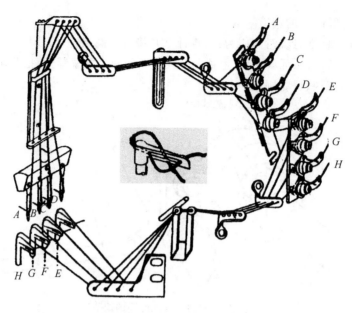

图 5-101　多针链缝机的穿线

2.机针的安装

多针链缝机使用的机针型号为 UO×113,针杆长槽呈螺旋状,安装时,机针要装到顶,针缺口向左,方向应正。针号一般用 14♯～16♯,看缝料的厚薄而定。用手转动带轮,观察多枚直针在压脚槽和针板槽中的位置,直针不应和压脚或针板槽边相擦(可调压脚左右位置),直针距针板槽前端的距离应相等,可旋松针杆夹紧螺丝转动针杆来调正。

3.缝制方法介绍

(1)封闭式环状松紧带的缝制

可把机头悬起来,以便环型松紧带套过机台平面。具体方法为:把台板下面的两根安装机头用的铁条拆下,把它安装在台板的上方,这样机头就悬起来了。如图 5-102 所示。

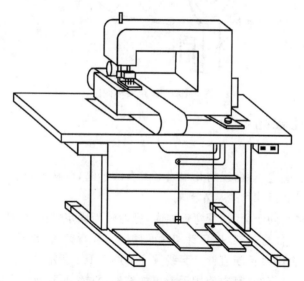

图 5-102　封闭式环状松紧带的缝制

（2）带状松紧带的缝制

缝带状松紧带时，不要把松紧带剪断，应根据工艺要求，在松紧带上画出每段长度的记号，用平缝机把每段缝料的两端分别固定在松紧带上对应的画线处，这样缝制起来就可连续工作。如图 5-103 所示。

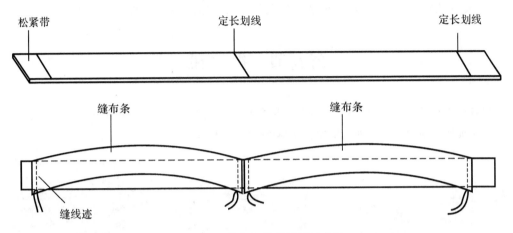

图 5-103　带状松紧带缝制示意图

4.缝好后的取出

缝制环状松紧带时，当每条缝制结束后，要把缝料从压脚下取出时，往往会拉不动，更会把缝线拉断，这是因为面线都已被弯针钩取并套在弯针上。解决的方法是：机针在最高时，用手把面线过线道上的线和底线过线道上的线都拉松，再抬动压脚，使夹线器浮起来，这样取出缝料就顺当了。

5.拆线

有时对一段缝得不理想的线条需要拆掉。如果不懂得方法，拆起来就会感到非常麻烦。正确的方法是：从缝制结束的方向开始拆线；要分离好上、下线，不要使它越拉越紧，如图 5-104 所示。

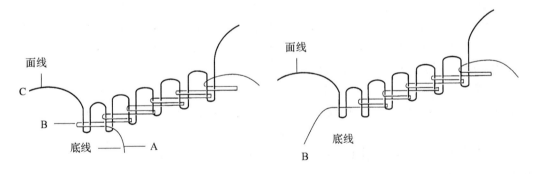

图 5-104　拆线方法

面线从缝料的上方"C"处拉；底线从缝料的反面"A"处拉，不可在"B"处拉底线，在"B"处将线头拉出面线圈，线会越拉越紧。懂得双线链式线迹形成的原理，就可理解拆线的方法。

6.使用时应注意的事项

（1）非熟练工缝制时，往往会把松紧带掐得很牢、拉得很紧，这样会影响机器的送料，也会拉动机针,使机针与针板及弯针的配合造成误差,引起跳针。应在拉开松紧带的情况下,让缝料从手中顺利滑出。

(2)要注意从拖布轮下出来的缝料不要被下拖轮或上拖轮滚进去,应牵拉一下缝好的面料,以防堆积后被滚进去。

(3)要注意机头上方的油窗,正常的情况是油窗里始终在喷油的。

第五节　绷缝机

绷缝机在针织服装厂里被广泛使用,主要用于运动衫、T恤衫、体闲内衣等多种针织服装的成衣加工。如图 5-105 所示,为各类常用的绷缝机外形。

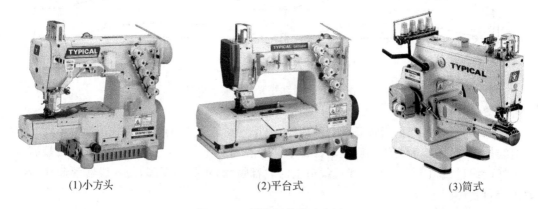

(1)小方头　　　　　　(2)平台式　　　　　　(3)筒式

图 5-105　绷缝机外形示意图

一、绷缝机的类型与功能

绷缝机在服装生产中主要的缝合功能是拼接、滚边滚领、埋压拷克骨、装饰缝。不同的机器类型适合缝制不同的衣服部件。常用分类如下:

(1)按机器的形状可分为——平台式、小方头及圆筒式几种不同形状。平台式适合缝制下摆压边、滚领滚条、平压装饰缝;小方头适合于袖口、裤脚口等圆筒形状部件的横向缝制;筒式则适用于圆筒形状部件的纵向缝制,也可压平行线。

(2)按针数分则有——双针、三针、四针几种类型。绷缝机常以针数和线数来命名,常用的有双针三线(406 线迹)、双针四线(602 线迹)、三针四线(407 线迹)、三针五线(605 线迹)绷缝机。

(3)按左右直针之间的间距分又有——6.4mm 针位、5.6mm 针位、4.8mm 针位、4mm针位几种宽度。

针位可更换,更换针位须调换一组配件,包括针夹、压脚、针板、送布牙,需专业维修人员来操作。把 6.4mm 针位的三针五线机卸掉一针,则成 3.2mm 的针位。

二、绷缝机的成缝特点

绷缝机有两枚以上直针,由一枚下弯针取几枚直针的线环,而直针下行时又穿过下弯针形成的线环,形成多线链式绷缝线迹。如果线迹上有装饰线,则由上绷针引导装饰线,让直针下行时首先穿过,形成覆盖链式绷缝线迹。线迹具有良好的弹性和强力。各类常用线迹如图 5-106 所示。

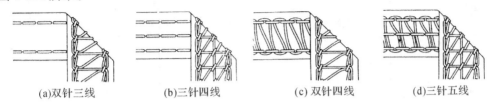

| (a)双针三线 | (b)三针四线 | (c)双针四线 | (d)三针五线 |

图 5-106　绷缝线迹

三、三针五线绷缝机的主要机构简介

不同类型的绷缝机有不同的机构设计,但最终实现的动作都为:

①直针上下运行;

②下弯针左右摆动同时做前后纵向移位动作;

③送料牙的前后高低运行;

④打线轮的压线动作;

⑤其他还有差动送料和针迹密度调整机构。

绷缝机的主轴一般都在机头的下部,通过凸轮连杆装置或同步带使上轴摆动或旋转,从而带动针杆的上下运行。主轴上还分布着不同的凸轮,有弯针摆动凸轮、弯针纵向移动凸轮、前后送料凸轮、送料高低凸轮、底线打线凸轮,通过连杆、曲柄等不同部件,带动整机协调工作。现以三针五线绷缝机为例,将主要的机构予以介绍。

1. 针杆机构

由凸轮通过连杆带动摇杆来实现针杆上下运行的结构型式,如图 5-107 所示。

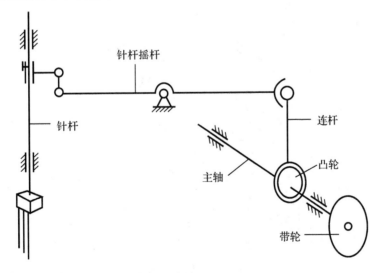

图 5-107　凸轮传动针杆机构

有通过曲柄滑块机构使针杆上下运行的结构形式,如图 5-108 所示。

针杆机构的作用是带动机针穿刺缝料,把面线送到缝料的反面,机针上升时形成线环,

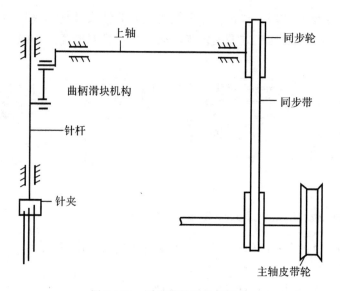

图 5-108　同步带传动针杆机构

让下弯针钩取;机针下行时再分别穿过下弯针的三角线环。装在针杆上的过线杆,起到送线和收线的作用,该挑线机构属于针杆挑线机构。

2.弯针钩线机构

弯针从右向左摆动(也有从左向右摆动),钩取几枚直针上升时形成的线环,当弯针摆动到左边时,有一个纵向移位(从直针的内侧向外侧运动),也叫让针动作,接着弯针从最左向右回摆,此时直针下行,分别穿过由直针线环分割成的弯针三角线环。它的作用是穿套直针线环和形成三角线环被直针穿套,与直针一起编织线迹。弯针机构如图 109 所示。

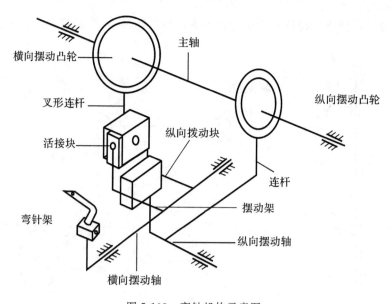

图 5-109　弯针机构示意图

主轴上的横向摆动凸轮通过叉形连杆、活接块带动摆动架,使横向摆动轴左右摆动。安装在摆动轴上的弯针架和弯针也产生左右摆动。主轴上的纵向摆动凸轮通过连杆使纵向摆动轴摆动。安装在摆动架内的纵向拨动块被纵向摆动轴带动摆动,使摆动架和横向摆动轴产生纵向位移。这样,弯针在左右摆动的同时也产生纵向位移(让针动作)。

3.送料机构

绷缝机的送料机构类同于包缝机的送料机构。主轴上的送布凸轮通过送布连杆、摇杆、牙架使送布牙前后运动;高低凸轮则直接驱动牙架上下运行,使送布牙上下运动。如图5-110所示。

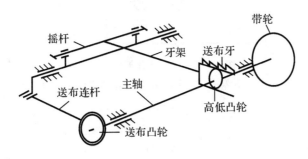

图5-110　送料机构

送料机构还设有针距调节和差动送料装置,这里不再细述。

4.打线机构

打线机构利用旋转凸轮的凸面来压底线,作用是放松和收紧底线,如图5-111所示。

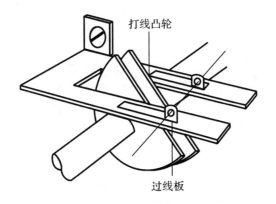

图5-111　打线机构示意图

收线打线的时间为:当弯针运行到最右端时,也是直针从最高点向下运行时,打线凸轮开始触及底线。打线时间的早晚,会明显影响线迹的紧松。

四、三针五线绷缝机的机构配合

1.机针与针板槽孔的配合

针夹上的机针要平行于针板槽孔前端,如图5-112所示。

2.直针与弯针的配合

不同针位的机器,直针下降到最低点时,钩针尖距离右边那枚直针的距离不同。一般针位大的距离小,针位小的距离大,下弯针必须钩取几枚直针的线环,要考虑到最左面的那枚直针。具体数据如下:

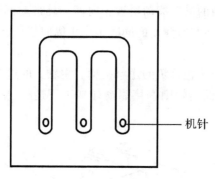

图 5-112　机针与针板槽孔位置

针位规格	下弯针尖距右边直针的距离
4 mm	4mm
4.8 mm	3.6mm
5.6 mm	3.2mm
6.4mm	2.8mm

也就是说弯针尖最右时,不论针位的大小,距中间那枚直针的距离始终不变,即 $\frac{1}{2}\times$ 针位规格的＋弯针尖离最右机针间的距离＝6mm,如图 5-113 所示。

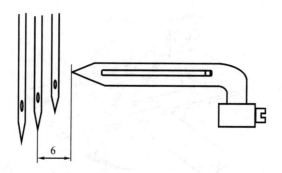

图 5-113　直针与弯针的左右配合

下弯针从右向左摆动到达直针中心线时,弯针尖必须处于直针孔上方 1.2～1.5mm,弯针尖与直针的间隙为 0.05mm,如图 5-114 所示。

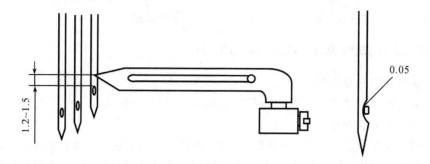

图 5-114　直针与弯针的上下前后配合

下弯针的正确时相(位置)为:下弯针尖从右向左摆动到中间一枚直针中心线时,如处在针孔上方 1.2mm 处，则弯针摆动到最左边后往右回摆又摆到中间一枚直针时，弯针尖亦应从此直针上方 1.2mm 处经过。

3.上绷针与直针的配合

(1)上绷针的上下位置一般距针板高度 9.5～10mm。

(2)上绷针的左右位置是其运行到最左端时，钩线尖距最左一枚直针的距离为 4.5～5mm。

(3)上绷针的前后位置是钩线尖经过最左一枚直针前端时，距直针间隙为 0.3～0.5mm。如图 5-115 所示。

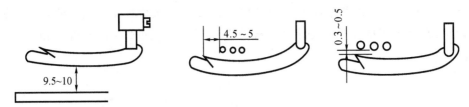

图 5-115　上绷针与直针的配合

4.装饰线导线板与上绷针及过线环的配合

上绷针运行到最右时，与导线板的上下距离为 0.5mm，而导线板与过线环的间隙为 1mm，三者不得相碰擦，且导线板长槽下端与过线环孔、与绷针弯端三者必须对齐，导线板应控制装饰线，使装饰线能滑入绷针勾线角内。如图 5-116 所示。

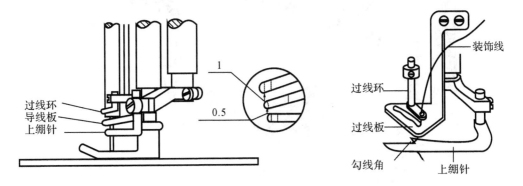

图 5-116　导线板与上绷针及过线环的配合

五、常见故障分析

(1)跳针：A.机针过细、弯曲、没装正；

　　　　B.直针没有垂直于针板，弯针钩取直针线环时，与直针的间隙有大有小；

　　　　C.直针最低、弯针最右时，弯针尖与右直针的间距没调好；

　　　　D.直针与下弯针的时相没调正，直针下行时穿不过弯针的线环。

(2)断线：A.针板槽边毛；

　　　　B.下弯针毛；

　　　　C.直针弯、针尖毛；

　　　　D.过线部位有毛刺、绊住。

(3)下弯针线过紧过松(调节压线器的紧松不起作用)：打线轮或打线杆打线时间过快或过慢，可试着调节一下打线时间快慢，看效果如何，如调快不好，则反过来调慢一些。

六、绷缝机的使用

(一)机针的选用与安装

国产绷缝机一般用 GK16 型机针,根据面料的厚薄选用针号,与平缝机相同。

机针的安装方向为机针针槽正向操作者,装针时要把针插到针座底部,然后拧紧螺丝。

(二)穿线方法与张力调节

三针五线绷缝机的穿线方法如图 5-117 所示。

一般张力调整是旋转张力器,顺时针方向转张力变大;反之变小。张力的大小根据面料的厚薄与质地及缝线的牢度来选择,薄松的面料和牢度差的线,张力可以相对小点;反之大点。

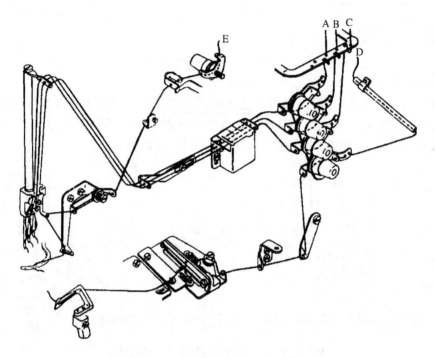

图 5-117　三针五线绷缝机穿线方法

(三)夹具的配用

绷缝机在使用时常常应用夹具来保证缝迹的整齐、准确、美观,如折边器与滚边筒的运用。

1.折边器的配用

平台式绷缝机常用双针三线绷缝线迹来缝制针织衫的下摆。对于下摆的缝制,在工艺上有不同的要求,首先是双线的宽度,即选用相应宽度的针位,其次是折边的宽度要一致,再则是反面的绷缝线迹要刚好覆盖住面料的边缘。要达到理想的效果,必须配用折边器。

如图 5-118 所示,折边器由上下 A,B 两部分组合,旋松安装螺丝,调节"A"的左右位置,即可调出折边的宽度;调节"B"的左右位置,即可调节线迹对边缘的覆盖。

折边器可自制,一般采用 0.3～0.5mm 厚度的黄铜片,剪出 2cm×10cm,2cm×7cm 两个片条,分别开安装槽、折边、打光,将两篇叠在一起用安装螺丝拧在机台上即可使用。图 5-119 所示为零件图。

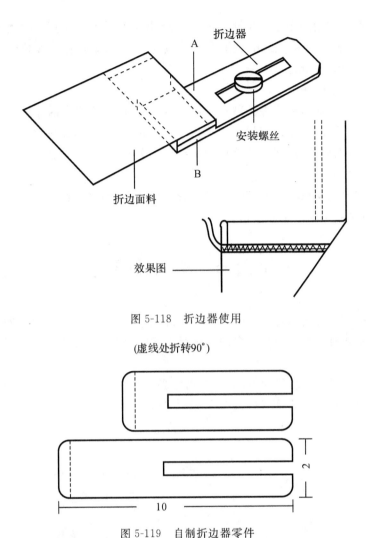

图 5-118 折边器使用

(虚线处折转90°)

图 5-119 自制折边器零件

2.滚边筒的配用

平台式绷缝机常配用滚边筒来对针织衣服的领圈、袖笼口等部位进行滚边缝制。滚边拉筒有双折和单折之分,俗称"双面光"、"单面光",双折和单折拉出的滚条形状如图 5-120 所示。

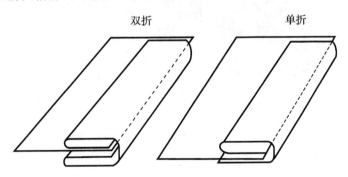

双折   单折

图 5-120 滚条形状

拉筒又有不同的尺寸,有 8mm,10mm,12mm,15mm,18mm,20mm 等不同规格,根据工艺要求选用。所对应滚边布条的尺寸如下：双折为拉筒尺寸×4；单折为拉筒尺寸×3。

例如：双折拉筒规格为 10mm，则滚条尺寸应为 40mm；单折拉筒规格为 12mm，则滚条尺寸应为 36mm。

（二）差动送料的使用

用绷缝机对针织面料或弹性面料进行加工时，由于压脚摩擦力的作用会把面料拉长，如压下摆底边，缝好后，底边会出现裙边状拉长。使用正差动送料，使差动送布牙比主送布牙快，用此速差来抵消面料的拉长，使缝后的面料平整美观；反之用负差动可以克服布料易绉的现象或进行缩绉缝纫。

绷缝机都设有差动送料装置，在不同的机器上，差动送料装置的位置有所不同，但只要看说明书对照，就能找到并正确使用。

第六节　平头锁眼机

锁眼机亦称开纽孔机，是防止开孔后布边脱散的缝制专用设备。常见的锁眼机有平头锁眼机和圆头锁眼机。平头锁眼机多用于衬衫类薄料服装，圆头锁眼机多用于中厚料外套服装等。

平头锁眼机较普通平缝机而言，完成的动作多，自动化程度高，相应机构也较复杂。现就国内服装企业比较常用的日本重机 LHB-781 平头锁眼机作一介绍。

平头锁眼机外形如图 5-121 所示。

图 5-121　平头锁眼机外形

一、平头锁眼机缝型的成缝过程

平头锁眼机形成的缝型如图 5-122 所示，是单针双线锁式线迹，形成原理与 Z 字形锁式线迹平缝机相同:两端缝出加固套结,增加钮孔的牢度和防止钮孔在受力时被拉长及面料撕裂。

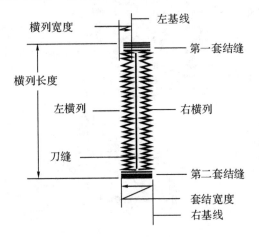

图 5-122　平头锁眼机缝型

操作时首先踩下左踏板抬起压脚,放入衣服;放下左踏板后,踩下右踏板,机器启动。针杆上下运行,同时左右摆动,压脚和拖板配合夹住缝料并纵向移动,在旋梭的钩线配合下,缝线在缝料上留下 Z 字形双线锁式线迹。

纽孔的缝锁是从左横列起缝的,机针作上下运动和以左基线为基准线的横向往复摆动运动,送料机构拖动缝料向操作者方向移动,在完成一定长后,纵向移动有一个短暂的停等,此时针杆摆动幅度增大,第二夹线器松线,缝成第一套结缝线迹;接着针杆摆动幅度复原,并移位到刀缝的右边,机针作上下运动和以右基线为基准的横向往复摆动运动,压脚拖板反方向送料,形成右横列线迹;送布机构再次实现定长送布后短暂停留,机针摆幅再次增大,完成第二加固套结的缝锁;在结束前 7~8 针时,机器从高速转为低速,最后 2~3 针时,切刀动作,切开扣眼,机器到位停针,带轮空转;抬压脚时,面剪刀和下剪刀装置动作,切断底面线。至此扣眼缝型完成。

二、平头锁眼机的机构组成与作用

平头锁眼机的内部结构如图 5-123 所示。

平头锁眼机由针杆机构,针摆、套结和针摆变位机构、挑线机构、钩线机构、送布和压脚机构、变速和定位制动机构、切刀机构、剪线机构、松线机构、纽孔针数变化机构、自锁机构、手动送布装置及紧急停车装置组成。其主要机构的作用如下。

(1)针杆机构:带动针杆上下运动与摆动。

(2)针摆、套结和针摆变位机构:完成左横列、第一套结、右横列、第二套结的宽度变化。

(3)挑线机构:与平缝一样,在线迹的形成过程中,实现送线、收线动作。

(4)钩线机构:采用大回转直径反旋梭,作用与平缝机相同,钩取直针线环,完成上下线交织。

(5)送布机构和压脚机构:下托上压夹板式送料完成一次往复送布,实现纽孔特定缝型。

(6)变速和定位制动机构:变速机构在缝针结束前 7~8 针自动转为低速,以便切刀在最后 2~3 针时下落切开纽孔,为定位制动机构定位制动减小冲击,准确定位。

(7)切刀机构:为纽孔开口。左右横列完成后,切刀动作。设有断面线自停装置,对断底

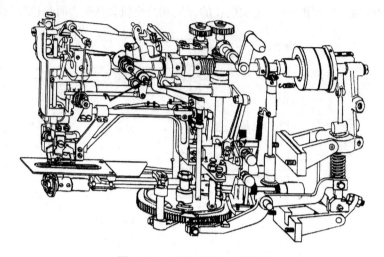

图 5-123　平头锁眼机内部结构

线不起作用。（注：设有先缝后切或先切后缝两种模式，与圆头锁眼机不同）

（8）剪线机构：锁缝结束抬压脚时，剪断底面线，并夹住面线，以便下一纽孔的缝纫。

三、主要机构的工作原理与调整

平头锁眼机的机构较多且较复杂，在此简略介绍主要工作机构，与平缝机动作类似的机构从略。

（一）摆针机构的工作原理及锁眼宽度的调整

平头锁眼机的针杆除了上下运行外还要作左右摆动，针杆安装在针架上，在曲柄滑块机构的带动下，针杆作上下运动，针架作左右摆动运动。而针架的摆动则来自摆针凸轮的摆动，如图 5-124 所示。

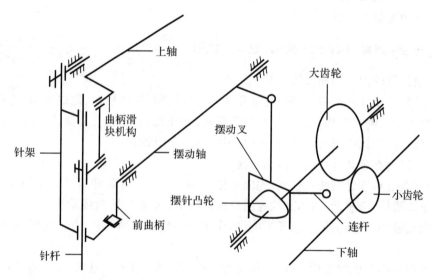

图 5-124　摆针机构示意图

安装在下轴上的针摆小齿轮带动针摆大齿轮旋转，与大齿轮同轴的摆针凸轮使摆动叉做水平运动，同时又受摆动叉上连杆的牵连作用，摆动叉又产生上下位移，摆动叉的上下动作,带动摆动轴摆动,使前曲柄摆动,前曲柄通过滑块的连接使针架摆动。针摆幅度的调节,是调节牵连摆动叉连杆的位置而实现的,而基线位置的调节是改变摆针凸轮与摆动叉的相对位置得到的。使用时通过机器右边设置的四个螺丝进行调节,如图 5-125 所示。

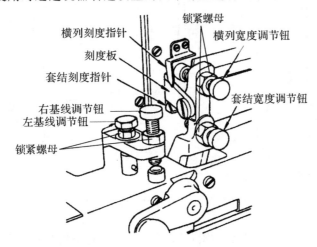

图 5-125　锁眼宽度调整图

在使用机器时,有时要把大的扣眼调成小的扣眼,或把小的扣眼调成大的扣眼。为了使扣眼获得整体的美观和协调,要把横列的宽度作些调整,大的扣眼,横列应宽一些,小的扣眼,横列应狭一点。调节横列宽度调节螺丝时,左右横列右边的一针都不动,左边的一针发生变化。当把横列调宽时,右横列向左变宽,有可能被切刀切到,因此要把右横列整体向右移一点,则右基线右移;把横列调狭时,右横列又会离刀缝较远,因此要把它整体向左调一点,则右基线左移。同时,套结的宽度也要作相应的调正,不至于产生"小帽戴大头,小头戴大帽"的现象。

锁眼宽度的调节方法是:

(1)顺时针方向旋转横列宽度调节螺丝,左右横列都变宽;反之变狭。

(2)顺时针方向旋转套结宽度调节螺丝,套结缝都变宽;反之变狭。

(3)顺时针方向旋转左基线调节螺丝,左横列整体向左移;反之向右移。

(4)顺时针方向旋转右基线调节螺丝,右横列整体向左移;反之向右移。

调节时都要先旋松锁紧螺帽,调节完后再紧固锁紧螺帽。

(二)直针与旋梭的配合调整

平头锁眼机的钩线机构工作原理与平缝机相似,但由于针杆的变位,直针与旋梭的配合要求非常高,这是因为旋梭必须钩取直针在四个不同位置的线环。对左横列左边一针来说,旋梭的钩线时间最快;对右横列右边一针来说,钩线时间最慢。钩线时间的早晚关系到直针回升时形成的线环大小和旋梭尖处于直针孔上沿的距离,而这两个因素则是保证机器不跳针的关键。

机器在使用过程中,由于扎线、断针等原因会造成旋梭钩线时间发生误差和针杆高低发生变化,因此必须掌握这方面的调整技能。

直针与旋梭配合的标准为:机器以左横列中间一针作为调节的标准针。直针到达最低位置时,针杆的下端面距针板平面 11.9mm,直针从最低点回升 2.3mm 时,旋梭尖到达直针中心线,此时旋梭尖应处于直针孔上沿 1.5mm,旋梭尖与直针的间隙为 0.01～0.05mm。如图 5-126 所示。

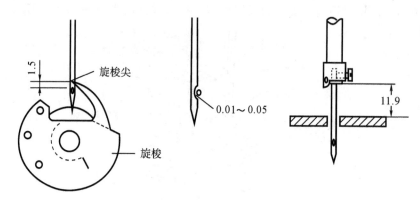

图 5-126　直针与旋梭配合示意图

调节步骤如下:

(1)针杆调节可用样板尺来进行,如图 5-127 所示。先关掉电机开关,踩下启动踏板,用手转动带轮,使左横列的中心一针下行到最低点,此时旋松针杆夹紧螺丝,把样板尺的"I"端放入针板与针杆下端面之间,移动针杆,使样板尺上下靠住,旋紧针杆夹紧螺丝,如图 5-127(a)所示。

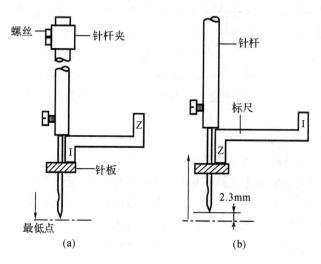

图 5-127　针杆定位示意图

(2)继续用手转动带轮,(向机器运转的方向转动)使针杆上升,把样板尺的"Z"端放入针板与针杆的下端面之间,上下靠住如图 5-127(b)所示,此时旋松如图 5-128 所示的旋梭接柄上两颗螺丝"A",转动旋梭,使旋梭尖处于直针的中心线,拧紧螺丝 A。

(3)旋松如图 5-128 所示的旋梭接柄上两颗螺丝"B",调节旋梭的纵向进出,使旋梭尖与直针的间隙为 0.01～0.05mm。

平时在使用中如果发现跳针,也可以用此方法检查针杆的高低和旋梭钩线的时间。

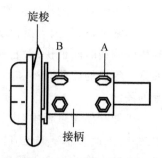

图 5-128　旋梭安装示意图

（三）拖板、压脚架的运行原理及锁眼长度、针数的调节

拖板和压脚架配合带动缝料纵向移动,它的动力来自锁眼长度调节架的摆动。主轴上的蜗杆使蜗轮旋转,蜗轮通过一组针数变换齿轮、直轴和传动齿轮使凸轮盘旋转,凸轮盘上的心形凸轮槽推动滚珠使摆动臂摆动,与摆动臂同轴的锁眼长度调节架就产生来回摆动。如图 5-129 所示。

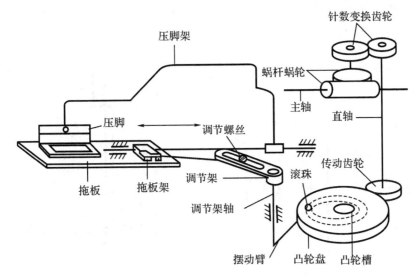

图 5-129 拖板、压脚架的运行原理示意图

调节架的摆动角度是一个定量,但调节螺丝处于调节架槽中的不同位置可使拖板压脚架产生不同的移动量,调节螺丝越靠近调节架轴,移动量越小;反之则大。

锁眼长度的调整方法如图 5-130 所示,拧松螺母,移动调节螺丝使指针对准纽扣直径所需的刻度,然后拧紧螺母。

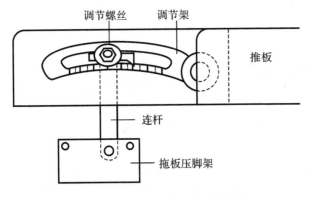

图 5-130 锁眼长度调节示意图

锁眼针数的调整方法是:更换针数变换齿轮,变换齿轮是成对配合使用的,与蜗轮同轴的那个齿轮(靠近操作人员)越大,针迹越稀,另一个齿轮上标有的数字则表示锁眼的针数。

（四）传动机构及快慢速转换原理

如图 5-131 所示,电机上的带轮是由一大一小两个三角皮带轮组成,分别用三角皮带带动减速装置上一小一大两个带轮。大轮带小轮,使 A 轮产生高速;小轮带大轮,使 B 轮产生慢速。当平皮带在低速轮和空转轮上转动时，机器定针空转；当平皮带滑到高速轮和主动轮上转动时，机器产生高速；当平皮带处于低速轮和主动轮上转动时，则机器慢速。

当踩下启动踏板，起动架后倾的同时，它一侧的拉杆把平皮带拉到主动轮上，与此同时，台板下方的拨叉也把平皮带拨到高速轮上，机器高速运行；停车前，拨叉在开停杠杆的作用下，把平皮带拉向低速轮，此时平皮带的上方尚处在主动轮上，机器慢速运行；停车时，起动架复位，又把平皮带拉到空转轮上，整机停针空转。(图 5-131 中未示拉杆与拨叉的情况。)

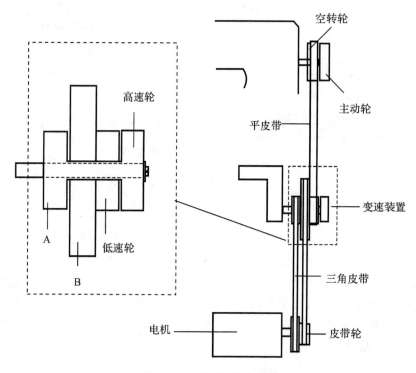

图 5-131　传动机构示意图

(五)切刀的安装与调整

切刀的大小应根据纽扣的大小来选择，使切刀的宽度等于或略大于纽扣的直径(厚的纽扣切刀要略大于)，切刀要处于小针板刀槽的中间，切刀切下时，刀下行到最低，切刀的后角要进入刀槽 0.5～1mm，不能与针板腰子形针孔边相碰。如图 5-132 所示。

没有适当大小的刀片，可选用大的刀片，用砂轮修磨切刀的前角。要保持被修磨的边与后角边平行，并打光。

旋松切刀座螺丝 A，可前后调节切刀，使切刀后角接近针板腰子形孔，而不碰针板。旋松装刀螺丝，可上下调节刀片，使切刀切下时，刀片后角进入针板槽 0.5～1mm；压脚运行时，切刀前角不碰压脚。

切刀的左右位置不能调，如果左右位置有偏差，应旋下拖板上的两个安装螺丝，取下拖板，旋松针板座四个紧固螺丝，微量调节针板座，使切刀处于小针板刀槽的中间，并使直针处于腰子形针板孔中间，前后间距相等。

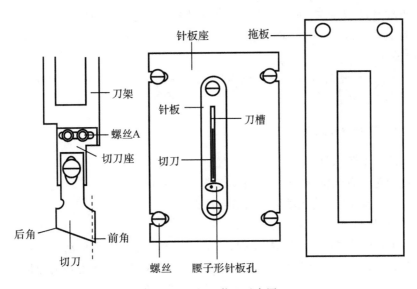

图 5-132　切刀装配示意图

（六）面线剪刀的工作原理与安装要求

　　LHB-781 平头锁眼机的面线剪刀安装在剪刀架上，抬压脚时，受抬压脚提升臂斜面的驱动，并受压脚导架的制约和开启、闭合板的控制。面剪刀由下刀、活动刀、夹线钢片组成，如图 5-133 所示。

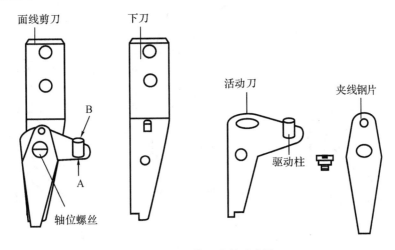

图 5-133　面剪刀配件示意图

　　活动刀上的驱动柱，受"A"方向的力时，刀口闭合；受"B"方向的力时，刀口开启。刚锁完一个扣眼，抬压脚前，面剪刀口开启，刀口对准面线，抬压脚时，剪刀向前向右运行，驱动柱被闭合板碰撞，刀口闭合，夹线片先压往面线，活动刀和下刀配合再剪断面线。放下压脚，刀口依旧闭合，夹线片夹住面线，保证下一扣眼起缝时面线不会从直针孔中滑出。再启动机器，压脚架移动，安装在压脚架上的开启板从"B"的方向碰撞驱动柱，使刀口开启。面线剪刀的前后高低位置及剪刀口开启时间可调节相应零部件的安装位置。

　　面线剪刀的安装要求：

　　（1）面线剪刀下端应接近压脚而不与压脚板相碰擦；

（2）抬压脚时，剪刀向右、向前运行，它的前端与直针相平，剪刀头越过刀缝 4.5～5mm；

（3）启动机器时，直针下行，剪刀应向左向后退回，在压脚整个运行过程中，剪刀不应有和压脚相碰擦现象。

剪刀的动作比较复杂，在没有搞清故障原因及调整方法前不要轻易调节，以免剪刀动作出错，使整机不能工作。

四、常见故障的排除

（1）停车后抬不起压脚

原因：皮带轮没有到位，止动架卡头没有进入主动轮凹槽。

排除方法：转动带轮，使止动架卡头进入凹槽。

（2）踩不下启动踏板，机器不能起动

原因：抬压脚提升臂没有复位，抬压脚时产生了面剪刀和下剪刀的动作被卡住，影响复位。

排除方法：连续踩动抬压脚踏板，或检查面剪刀、下剪刀，排除卡住的原因，直至提升臂复位。

抬压脚动作和启动动作是互锁的，在抬压脚状态下，机器不能启动，在机器启动状态下，压脚不能抬起。如图 5-134 所示。

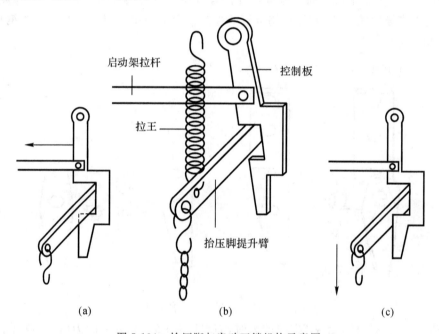

启动架拉杆　　控制板　　拉王　　抬压脚提升臂

(a)　　　　　　(b)　　　　　　(c)

图 5-134　抬压脚与启动互锁机构示意图

在(a)的状态下，控制板下端限制了抬压脚动作；在(c)的状态下，提升臂又挡住了控制板，使启动架拉杆不能拉动，启动架就不能动作。只有在(b)的状态下，机器才能抬压脚或启动。

（3）机器切刀切下停针时，声音响，冲击力大。

原因：平皮带太松，打滑，停车前，高速惯性还在起主导作用。

排除方法：收紧平皮带张紧轮。使慢速轮起主导作用，高速惯性要带动慢速轮提速并通过慢速轮使电机增速，这从电机的转动原理来说是不可能的，因此速度在瞬时被降了下来，减小了切刀动作与停针时冲击力。

平头锁眼机是一种比较复杂的机器,很多的故障还须专业维修人员来处理。

五、机器的使用

1. 装针

拧松机针固定螺丝,将机针的长针槽背离操作者,然后把机针插进针杆孔的顶部,拧紧机针固定螺丝,要求使用DP×5J机针。

2. 穿线

面线穿线顺序如图5-135所示。底线在安装梭心后,拉动底线,梭心转动方向应与图5-136中箭头方向相同。

图5-135　平头锁眼机面线穿线图

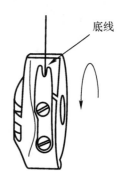

图5-136　底线梭芯出线旋向

3. 线迹松紧调整

面线的松紧调整不能在机器停针时进行,应在机器工作状态下进行。方法如下:关掉电机开关,摇动手动摇杆,使压脚拖板移动一个位置,再踩下启动踏板,此时两个压线器都已经压下,机器处于启动状态,从机针穿线的地方拉动面线,面线紧松的感觉应和平缝机面线的紧松差不多。更换线以后,夹线器的压力要作适当的调整。

底线的紧松以梭芯线刚好吊得住梭芯梭壳、轻轻抖动梭壳会滑下来为宜。

4. 缝迹形式调整

平头锁眼机能调出两种不同的线迹,即"锯齿边缝"线迹(亦叫"平缝线迹")和"三角形"线迹,如图5-137所示。锯齿边缝线迹的特点是横列和套结部位的面、底线的交织都在缝料的中间;三角形线迹的特点是,套结部位的线迹不变,而横列部位的底线被拉出到缝料正面,面、底线的交织在缝料的正面,面线呈一直线。锯齿边缝线迹要调成三角形

锯齿边缝

三角形

图5-137　平头锁眼机的两种缝迹

线迹,只要适当调大面线张力,减少底线张力就可完成。男衬衫扣眼一般都调成三角形线迹,富有立体感。

5. 工作调整

平头锁眼机在使用时,要根据不同扣眼的大小做工作调整,调整的步骤如下:

(1)根据纽扣的大小选择刀片,使刀片的宽度略大于或等于纽扣的直径。

(2)根据刀片的大小调节横列的长度,使第一套结缝线迹靠近刀缝又不被切掉。

(3)根据横列的长短选择适当的针数变换齿轮,使扣眼的针迹密度适中。

(4)试缝,检查钮缝的整体形状、左右横列在刀缝边的分布、试扣的感觉。

6. 断面线或底线用完时的处理

在缝制中遇到断面线或底线用完,可按下停刀杆,直至停针(此时机器已不会打刀),不要移动缝料,穿上线后或装上底线,用手动摇杆使压脚拖板移动到刚才的线迹处,(直针对准)启动机器,完成以后的缝制。如图 5-138 所示。

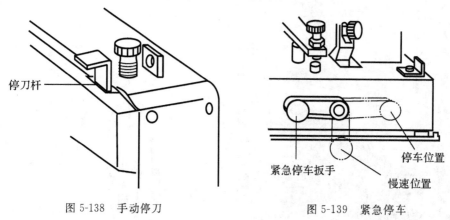

图 5-138　手动停刀　　　　　　　图 5-139　紧急停车

7. 断针的处理

如遇断针,应立即按动机器右边的紧急停车扳手(图 5-139 中双点划线位置所示),停针后取出断针,可重新启动机器到停机,装上机针。再用手动摇杆使压脚拖板移动到刚才断针的线迹处,(直针对准)启动机器,完成以后的缝制。

第七节　钉扣机

钉扣机是服装企业里常用的设备,一件衣服没有纽扣尚有可能,一个服装厂没有钉扣机,就谈不上是一个完整的服装企业。纽扣有二眼扣、四眼扣和立扣之分,如图 5-140 所示,把这些扣子固定在衣服上,所用的机器就是钉扣机。钉扣机形成的线迹有双线锁式线迹和单线链式线迹之分。双线锁式线迹钉扣机线迹结实美观,设有打结机构,线迹抗脱散能力较强;单线链式线迹钉扣机结构较紧凑,调节方便,只要锁针良好,线迹也有较好的抗脱散性。我国服装企业较普遍使用的钉扣机为 GJ4-2 型单线链式线迹钉扣机,外形如图 5-141 所示。目前 JUKIMB-377NS 单线链式线迹钉扣机附设了高可靠性打结机构,使缝钉最后一针锁不紧也不会脱散,外形如图 5-142 所示。

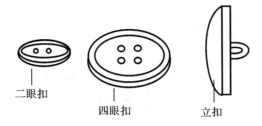

图 5-140　扣眼形状

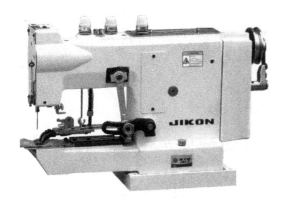

图 5-141　GJ4-2 型钉扣机

图 5-142　MB-377NS 型钉扣机

GJ4-2 钉扣机是国产钉扣机,由于它性能稳定、结构简单、价格低,深受用户欢迎,在国内中小企业里被广泛使用。由于单线链式线迹钉扣机的基本结构类同,下面就以 GJ4-2 钉扣机为例作一介绍。

一、GJ4-2 钉扣机的机构动作特点

(1)机针作上下运行同时左右摆动。纽扣一般有二孔和四孔,直针要依次穿过各纽扣孔及缝料,把缝线送到衣服的另一面,除了上下运行外,还要左右摆动。

(2)线钩旋转钩线,并和机针同步摆动。因为要钩住直针左一针、右一针的线环,线钩除了旋转钩线外,还必须跟着直针的摆动而左右移动。

(3)扣夹除了固定住纽扣外,还和拖板配合压住衣服,在缝四眼扣时纵向拉动一次,以便直针在完成前两孔的缝钉后再缝钉后两孔。

(4)踩下踏脚板后,机器自动完成一个周期的工作,抬压脚时自动割断缝线。

二、主要机构的工作原理

1.针杆机构

针杆机构属于典型的曲柄滑块机构,所不同的是针杆安装在针架上,除了由上轴曲柄带动作上下运行外,还随着针架的摆动而左右摆动。如图 5-143 所示。

2.线钩机构

上轴的旋转通过两组斜齿轮的传递,使线钩轴旋转,两组齿轮的齿比都是 1:1,上轴旋转一周,直针上下一次,线钩轴旋转一周。线钩轴的前端套在滑块和拉杆内,线钩在旋转的

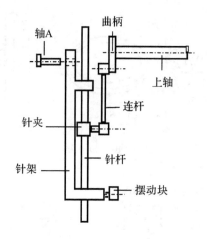

图 5-143　针杆机构

同时随着拉杆的拉动而左右移动。如图 5-144 所示。

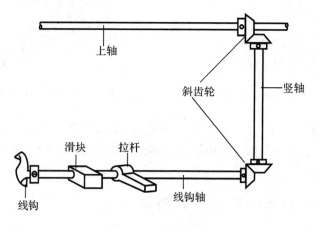

图 5-144　线钩机构

3.同步摆动机构

机器上安装着一组蜗杆蜗轮机构,在主轴的带动下蜗轮旋转,蜗轮的一面有一圈凸轮槽,摆动调节架(三角杠杆)一端的滚子嵌在槽内,蜗轮在旋转时槽的曲线变化使得三角杠杆的另一端产生上下摆动,把这个摆动量通过连杆和曲柄的传递,使针杆摆动轴和线钩摆动轴产生同步摆动。针杆应在机针离开纽扣后摆动,在直针刺入另一个孔前结束摆动。如图5-145 所示。

4.扣夹、拖板纵向移动机构

蜗轮的另一面也有一圈凸轮槽,每当纵向调节架一端的滚子处于凸轮槽等半径圆弧槽内,调节架不摆动,扣架没有动作,当滚子处于大小圆弧过渡的斜槽时,滚子被拉动,调节架产生动作,扣夹架被拉动。蜗轮旋转一周,扣夹架被拉动两次,第一次是机器完成前两孔的缝钉后拉动,第二次是机器完成整个纽扣的缝钉后拉动、复位。如图 5-146 所示。

5.启、制动机构

钉扣机的启动和停止是靠机器后面的启动架来控制的,而不是靠频繁启动电机来完成。皮带轮套在上轴上,它的一边受上轴内顶簧的作用,另一边受离合板的控制,当电机启动后,

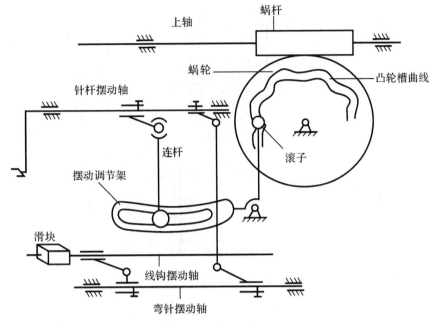

图 5-145　同步摆动机构

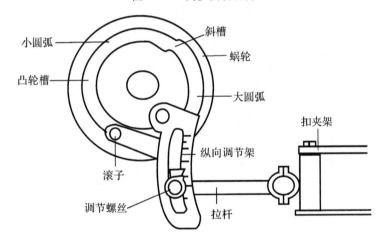

图 5-146　扣架、拖板纵向移动机构

皮带轮空转。

　　如图 5-147 所示,当踩下启动踏板,启动架向左偏转,安装在启动架上的离合板也随之向左偏转,它的斜面通过钢珠推压带轮,使带轮的摩擦面和启动轮接触,与此同时,如图 5-148所示,启动架上的制动栓也偏转,卡头离开启动轮凸齿,制动皮块下行,启动轮转动,机器启动,此时,吊钩钩住启动架,使脚离开启动踏板时,整机仍保持启动状态。(图上的 A 点为启动架轴位,启动架以这点为支点左右摆动。)

　　当上轴旋转 19 转,也就是机器缝钉了 19 针,蜗轮旋转了一周,装在蜗轮上的顶块顶开了与吊钩同轴的顶板,吊钩释放了启动架,在拉簧的作用下,启动架复位,其上的离合板右移,皮带轮脱离启动轮,使启动轮失去了动力,机器靠惯性走完了 20 针,此时制动皮块上升摩擦止动,制动卡头进入启动轮凸齿,机针定位停针,皮带轮又空转。

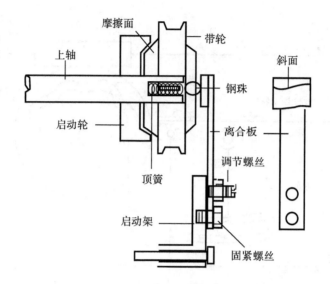

图 5-147　启动轮离合

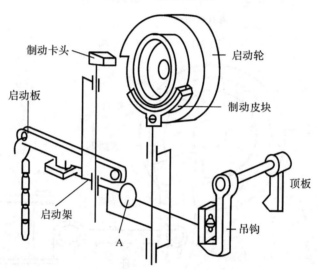

图 5-148　启动轮启动与制动

6. 抬压脚机钩

　　机器的抬压脚、割线、拉线是靠人工踩下抬压脚来完成的。当钉扣结束踩下抬压脚踏时，下割线刀动作，割断线钩上靠内侧的一根线，同时，第三压线器压下，第二夹线器松起，拉线杆向左偏转拉线，由于第三夹线器已压下，保证机针上的线不被拉动，而从线团方向拉线，为下一次缝钉作准备，接着拉钩拉起压脚。抬压脚和割线有一个时间差，实际上是先割断缝线后抬动压脚。抬压脚摆动轴后端还装着安全板，摆动轴偏转时，安全板向左偏转，挡住了启动架踩下，保证此时机器不会启动。如图 5-149 所示。

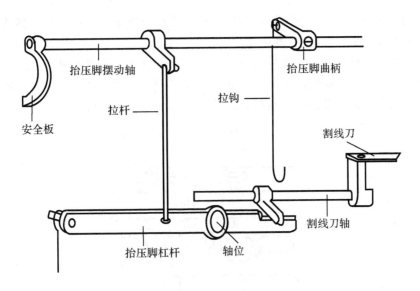

图 5-149　抬压脚机构

三、机器的配合调整

1. 直针与线钩的配合调整

（1）直针与线钩的配合标准

直针应对准线钩轴的中心刺下,直针最低时,针孔与线钩中心凹处相平,针尖不能触及线钩底。直针从最低点回升 3～3.5mm 时,线钩尖到达直针中心线,且距直针孔上沿 1mm,与直针的间隙为 0.05mm,如图 5-150 所示。

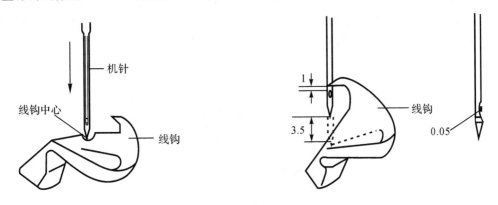

图 5-150　直针与线钩配合

（2）调节方法

针杆的高低可通过旋松针杆夹紧螺丝调节。直针中心对准线钩轴中心,其左右位置可通过旋松线钩摆动轴固紧螺丝,左右移动线钩进行调节。

直针与线钩尖的高低、前后位置可通过旋松线钩支紧螺丝调节。调节线钩,使直针从最低点回升 3～3.5mm 时,线钩尖到达直针中心,直针与线钩的间隙为 0.05mm。

2. 夹线器与割线刀的调整

（1）夹线器调整

GJ4-2 钉扣机在工作时,第三夹线器浮起,第二夹线器压下,第一夹线器间隙跳动;抬压脚时,第三夹线器压下、第二夹线器浮起。

调节方法:打开机器左侧的盖板,旋松抬压脚摆动轴上第二夹线器和第三夹线器松线凸轮的固紧螺丝,调节两个松线凸轮的相对位置,使它们达到上述要求。第一夹线器的松线凸轮在上轴上,应在针杆上升到接近最高时,凸轮松线。如图 5-151 所示。

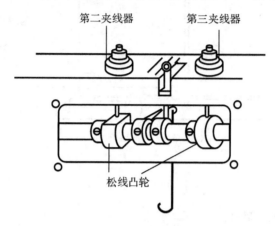

图 5-151　夹线器调整

(2)割线刀调整

抬压脚时,割线刀摆动轴在抬压脚杠杆的拨动下,向右偏转,割线刀割断的是线钩上靠内侧的一根线,割线刀没动作时,其刀口不应露出于针板方孔口外,割线的动作应先于压脚的抬起。如图 5-152 所示。

如果割断的是线钩上的两根线,则机针上的线被留得很短,缝钉下一个纽扣时线头就会滑出;如果先抬起压脚,则线会被崩断,这些都会直接影响到下一次缝钉的操作;如果刀口露在针板方孔外,则最后缝线会被割断。

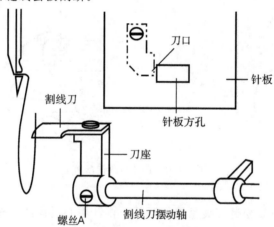

图 5-152　割线刀调整

调节方法:割线刀的左右和进出位置可通过旋松刀座固紧螺丝 A 进行调节。如图 5-152 所示。割线动作与抬压脚的时间差可通过旋松抬压脚曲柄螺丝调节。调节拉钩与压脚架吊环的间隙,使割线刀动作后压脚才被抬起,如图 5-149 所示。

3. 启、制动机构的调整

要使机器顺利完成一个周期的工作,启制动机构工作状态的好坏起到关键的作用。踩下启动踏板,机器工作,直至停车,中途应没有停针现象;制动时,冲击力要小,针杆到位。

若停车冲击力大,则各种机构的配合会移位,特别是蜗杆蜗轮机构的停车不到位或越位,造成机针摆动时间的错误,使得机器不能正常工作;停针不到位,则线钩不到位,线钩上的线没被分开,抬压脚时,割线刀割不到缝线,下一个纽扣就不能正常缝钉。

调整方法:(见图 5-153)

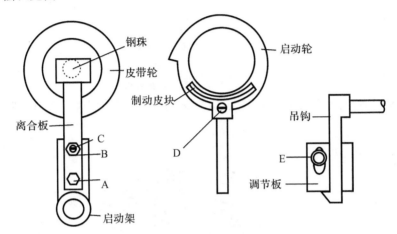

图 5-153　割线刀调整

(1)调节启动压力,可旋松启动架上的离合板固紧螺丝 A 及螺帽 B,调节螺丝 C,使离合板对皮带轮保持适当的压力,螺丝 C 顺时针方向旋时,压力减少;反之则大。

(2)调节制动冲击力,可机器在启动状态下,旋松螺丝 D,调节制动皮块与启动轮的间隙,使机器制动时,冲击力小,停车到位。

(3)旋松螺丝 E,踩下启动踏脚板,当离合板的斜面高端压住钢珠时,让吊钩正好钩住调节板,旋紧螺丝 E。放松踏脚板,启动架不应有回摆现象。

四、机器的使用

(1)机针安装

将机针长槽面对操作者,将针柄顶住装针孔孔底,拧紧螺丝。

(2)穿线

穿线顺序如图 5-154 所示。

3. 工作调整

当更换一种纽扣或四眼扣与二眼扣更换时,机器要做工作调整,这不但维修人员必须掌握,操作工也应掌握。具体操作步骤如下:

(1)调节扣夹开启口的大小,使扣夹口略小于纽扣的直径,使纽扣放入时感觉顺利,扣夹又夹得住纽扣。

调节方法:如图 5-155 所示,拧松压紧螺丝,移动调节扳手,使扣夹口小于纽扣的直径。

(2)关掉电源开关,踩下启动踏板,用手转动带轮,使右边第一针对准纽扣右边孔的中心。

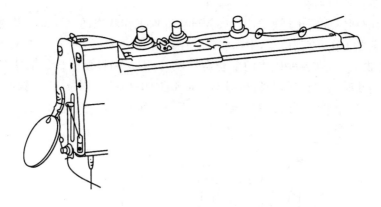

图 5-154　GJ4-2 型钉扣机穿线

开袋机插到:操作板的使用比较复杂,应仔细阅读、参照使用说明书,做到熟练掌握,正确使用。

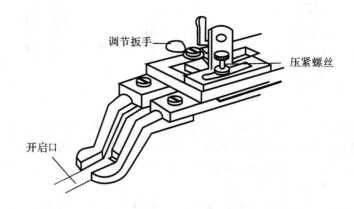

调节扳手

压紧螺丝

开启口

图 5-155　扣夹开启口大小调节

调节方法:用小扳手或螺丝刀旋松扣夹架后面的两个螺丝,前后左右调节扣架,使纽扣右边一孔中心对准机针尖,如图 5-156 所示。

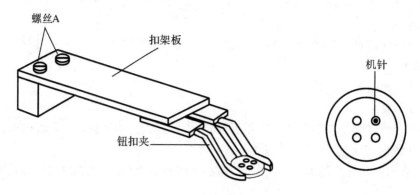

螺丝A

扣架板

机针

钮扣夹

图 5-156　机针对位调整

(3)继续转动带轮,使直针左边一针对准纽扣中心。

调节方法:旋松针杆横向摆动调节螺丝,调节摆动量的大小,使直针左边一针对准纽扣左边一孔的中心。如图 5-157 所示。

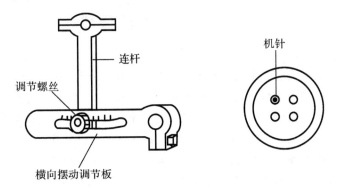

图 5-157 横向摆动量调节

（4）继续转动带轮，直至扣架纵向拉动，调节纵向调节螺丝，使扣架纵向拉动后，纽扣后二孔的中心对准机针的中心。如图 5-158 所示。当缝钉二眼扣时，将纵向拉动量调为零即可，也就是将调节旋钮上的刻度指针对准零刻度。

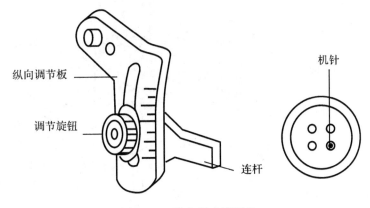

图 5-158 纵向摆动量调节

4. 注意事项

（1）GJ4-2 钉扣机没有自动加油系统，因此机器使用时要经常在加油孔内注入几点机油，但绝不能把油加在带轮上。如果带轮摩擦圈上沾有机油，机器将打滑而不能启动。针杆上也不能加太多的油，以防机油飞溅，污染衣服。

（2）机器不可在带故障的状态下勉强工作，特别是不能在停车冲击力很大的情况下工作，这样机器损耗会很大，会造成机件损坏。发现故障应及时让维修人员把机器调整好后再使用。

（3）把纽扣放入扣夹时，纽扣孔一定要平行于针板，否则机针下行，会打在纽扣上，或擦着纽扣孔边缘，造成断针、断线或钉不住扣子。

（4）左右踏脚板的操作要熟练、有节奏感，踩下右边启动踏板时，不要踩动左边抬压脚踏板，而踩下左边时，不要踩动右边。

（5）缝钉二眼扣时，应把纵向调节螺丝升到最高，缝钉立扣时，应更换立扣压脚（需维修人员来操作更换）。

（6）不要随意拆除机头前的防护镜，以免机针断时，断针飞射损伤眼睛。

第八节　自动开袋机

随着服装工业的发展和缝制工艺要求的提高,自动开袋机的运用已越来越普遍。

自动开袋机属特种专用缝纫机,是集光电、气、机械、可编程序控制于一体的高度自动化的服装加工专用设备。由于它能自动完成有袋盖、无袋盖的单、双嵌线袋的缝制作业,且规格均一、平整美观,在服装企业,尤其在西服生产企业里被广泛使用。

自动开袋机整机主要由缝纫机构、滑板移动机构、夹叠料机构、开刀机构(中刀和三角刀)、光电定位、起动系统及操作板(可编程序控制)等系统组成。图 5-159 所示为 JUKI APW-195N 型自动开袋机。

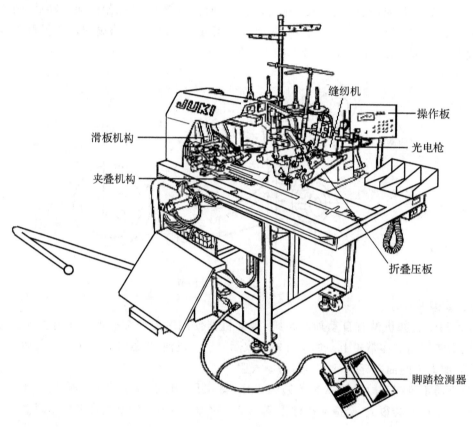

图 5-159　APW-195N 型自动开袋机

由于被加工的服装袋口的工艺要求不同,自动开袋机又分平袋口自动开袋机和斜袋口自动开袋机。其主要差别在于:前者为单针杆机构,后者为双针杆机构;两直针的起缝时间不同和三角刀形状的不同。

一、自动开袋机主要机构的作用及工作原理

1. 缝纫机构

缝纫机构的核心为一台双针平缝机,两直针的上下运行在旋梭和挑线机构的配合下,形

成两道平行的双线锁式线迹。机器由伺服电机驱动,能正确地实现起针和停针,并能设定针数。机头上还设有气动的面线握持、松线、底面线切断装置和中刀机构。

2.滑板移动机构

如图 5-160 所示,滑板架的滑块安装在支架的导轨上,通过连接板"A"与同步带连接,这机构相当于缝纫机的送料机构,它在步进电机的控制下,能实现向前、向后,高速、慢速及间歇运行。间歇运行是在直针穿过缝料时,滑板不运行,直针上升离开缝料时,滑板运行。滑板架上装有夹叠料机构,在夹叠料机构的配合下,把缝料送到双针下缝制,完成缝迹。

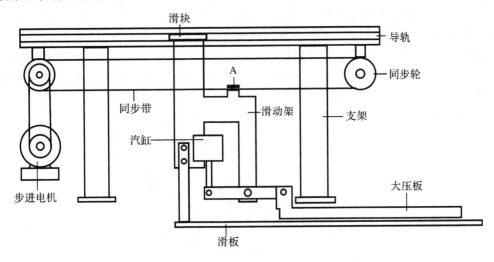

图 5-160　滑板移动机构

3.夹叠料机构

如图 5-161 所示,这部分机构由大压板、折边板、袋盖压板(左右成对)组成,它们都安装在滑架上,除了随滑板前后运行外,大压板在汽缸的驱动下,能压下和打开。折边板装在大

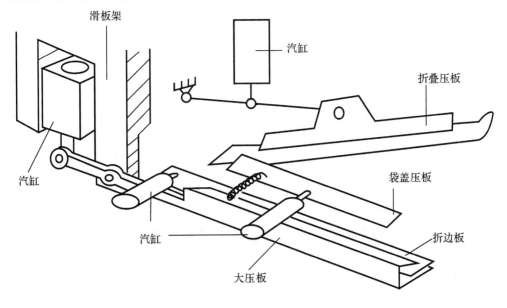

图 5-161　夹叠料机构

压板的槽内,它除随大压板一起动作外,还在小汽缸的驱动下,由槽内向外推行,使嵌条折叠。当放上袋盖后,袋盖压板压下。

折叠压脚安装在机头上,不随滑板移动,在汽缸的驱动下,能压下和打开,和折边板配合折叠嵌条。

这部分机构的作用就是折叠嵌条、夹持缝料,与滑板配合,把缝料送到机针下,让缝纫机构缝制。

4.中刀机构

中刀机构的动作是在机器缝制过程中,中刀上下切割,切开袋口线。切刀的上下动作由机械机构带动,而动作时间则由程序控制汽缸来实现控制。

如图5-162所示,主轴上的凸轮通过连杆、后曲柄(图上未注明)、驱动杆使前曲柄摆动,此时汽缸活塞处于前位,控制杆推动小连杆使A,B两点与长连杆成垂直线,前曲柄的摆动就拉动切刀杆作上下切割运行。

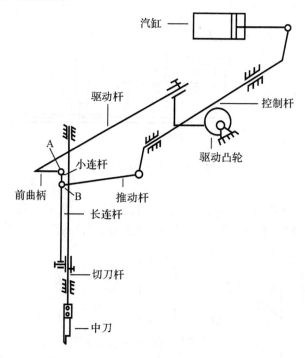

图 5-162　中刀动作

当汽缸活塞处于后位,如图5-163所示,控制杆拉动小连杆,使A,B两点与推杆成水平直线,由于汽缸连杆与控制杆后曲柄成活络连接,因此驱动杆前曲柄的摆动只在控制杆上产生微量摆动,长连杆不产生动作,切刀不运行。这样,通过程序控制汽缸的推拉时间,就控制了中刀的切刀和停刀时间。

中刀位于机头上针杆的后方两直针的中心线上。直针起缝时中刀不动作,在缝出一定长度后方起动切割,在直针终止缝纫前停止切割,标准的要求是中刀缝必须和三角刀缝相交,如图5-164所示。

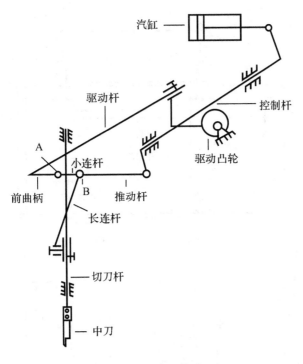

图 5-163 中刀停动

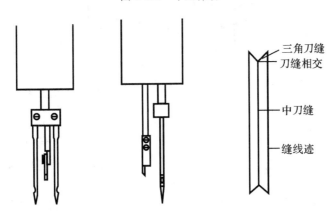

图 5-164 中刀位置与刀缝

5.三角刀机构

三角刀机构是在缝制结束后,两把三角刀同时上升,完成袋口角的三角形切开。两个切刀机构的动作均由气动完成,动作的时间和位置则由程序控制,可设定。

如图 5-165 所示,三角刀机构安装在机台的下面,由前后两套机构组成。伺服电机通过丝杆带动刀架在轨道上滑行,两刀打开的距离由程序控制,可设定。

6.光电定位、起动系统

光电定位系统由两支光电枪组成,如图 5-166 所示。

适当调整前后光枪在导架、滑杆上的位置,就能改变前、后十字光点的位置。十字光点是作为衣服放置时的基准参考点,可以以后十字光点为基准,也可以以前十字光点为基准,这与程序设定有关。光点的标准位置如图 5-167 所示。

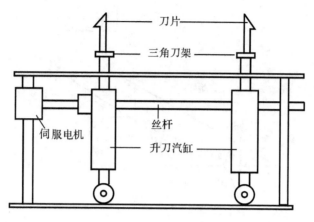

图 5-165　三角刀机构

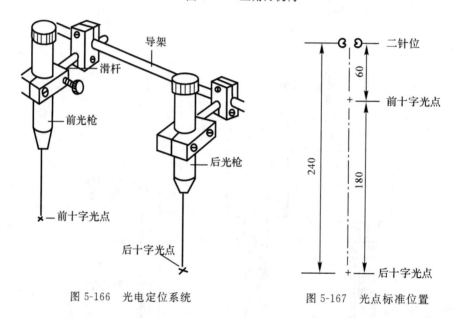

图 5-166　光电定位系统　　　　图 5-167　光点标准位置

　　后十字光点距直针 240mm,且位于两直针的中心线上;前后十字光点间的距离为 180mm;前十字光点距直针 60mm,位于两针的中心线上。

　　衣片、嵌条、袋盖放置时,就以前后光点为标记,对准衣片上的相应位置。

　　光电起动系统有两种模式,与设定有关。一种为:以前、后十字光点为基准,设定袋口长度 L,可在 35～180mm 以内任意设定,机器将根据设定,起针和定针;另一种为:安装在机头上的光电眼捕捉到袋盖信息,缝纫开始,袋盖缝完时,信号消失,缝纫停止。其原理是袋盖掩盖住了折边板上的反光片,光电眼接收不到光讯号,程控电路就输出一个控制电压,缝纫机起动。

　　7.踏脚板控制系统

　　踏脚板主要控制夹叠料机构的工作,如图 5-168 所示。

　　踏脚板上的拉杆与检测器里的转轴相连,不同深浅的踏板踩动,将使检测器输出不同的电信号,控制相关机构工作。具体级别控制分别为:

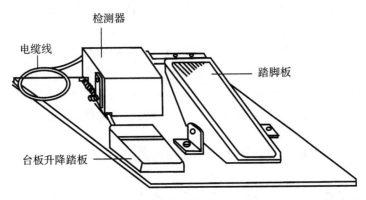

图 5-168 踏脚板控制系统

一级:(为最浅一档,以下依次相推)滑板架由后高速向前,到达前基准位置;

二级:右大压板压下;

三级:左大压板压下;

四级:折叠压板下压;左、右折边板闭合;

五级:右袋盖压板压下;

六级:左袋盖压板压下。

以上动作除了滑板架移动是步进电机驱动外,其余各压板的动作都由汽缸推动,汽缸的充气是由脚踏检测器输出电压控制电磁阀动作。汽缸分双向充气和单向充气,单向充气由拉簧完成复位动作。

8.操作板

操作板位于台板上右侧,是机器的控制中心,上面有许多键钮和一个显示窗口,能发布和设定指令,显示机器的状态,实现人机对话,操作板的图标如图 5-169 所示。

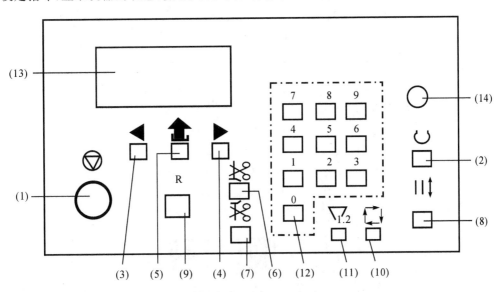

图 5-169 操作板的图标

(1)暂停开关——运转中发现有异常情况,想让机器紧急停车时用。

（2）准备就绪键——变换手动和自动模式用。即（14）灯亮为自动模式；灯灭为手动模式。

（3）数据修正位置左移键——按此键，显示屏（13）上的闪亮图标左移。

（4）数据修正位置右移健——按此键，显示屏（13）上的闪亮图标右移。

（5）画面变换键——（手动模式时）变换画面，变换设定模式。

（6）切上线——按此键，上线切刀下降。以下情况时不动作：不是手动模式时、大压板不在最后位置时。

（7）切底线——按此键，开放底线。以下情况时不动作：不是手动模式时、大压板不在最后位置时。

（8）大压板移动键——每按一次，大压板交替前进后退（只限于手动模式时）。

（9）复位键——按此键，特定设定、显示画面消除。

（10）循环键——显示循环缝画面（手动模式时），如同时按数字键0，则显示维修画面。

（11）计数键——按此键，显示屏显示计数模式，可设定（手动模式时）。

（12）数字键——设定数字时用。

（13）显示屏——显示各种模式、状态，数据功能。

（14）模式显示灯——自动模式时灯亮，手动模式时灯灭。

显示屏LCD内容的解读与操作：

机器有两种模式，自动模式和手动模式。自动模式即机器工作状态，此时LED灯亮，相关的图标、功能、设定和数据等都会在显示屏上显示，如图5-169-1所示。

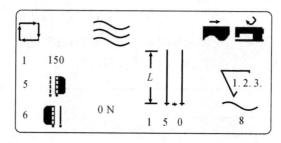

图5-169-1

按（）键，机器就进入"手动模式"，此时LED灯熄，显示屏将呈现图5-169-2所示循环化图标。

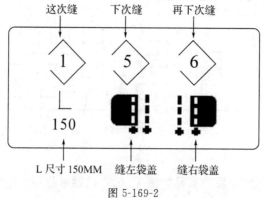

图5-169-2

在图 5-169-2 时按 键将出现图 5-169-3 所示的缝制图标(缝制图标共有 10 个):可进行缝制的所有设定。显示屏可显示其中 4 个图标。

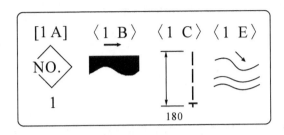

图 5-169-3

必有一个图标下光栅在闪动,按▶键,或◀键,光栅将依次在图标下闪动,如选定一个图标,按 键,屏幕就进入这一图标的主页,并可用数字键对相关的数据进行修改。如选定第二列〈1 B〉送布模式图标,按 键,屏幕将依次出现如下图标:

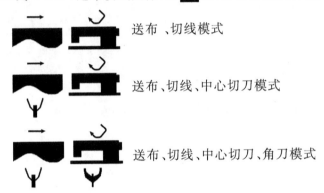

现把主要的缝制图标加以解读。

左边第一列

[1 A]

 [1 A]内的图标号不能修改,缝制图案号 1 可以设定,用数字键输入,有

0~9共 10 个缝制图案号。

第二列

〈1 B〉

 缝纫运行模式共有四个,可选择。在〈 　〉中,按 键,图标将变换,可

选择。(见前面图标说明)

〈1 C〉

此图表示 L 尺寸后基准缝制模式,在〈　　　〉中按 ⬆ 键,有 6 种模式可选择,
尺寸在 35~180mm 间,可用数字键设定。

180

〈1 E〉

此图标表示机器设定自动堆料。

[1M]

此图标为开始缝中心刀的动作位置,数据可以修改。
数据范围 5~15mm。

※ —→ 7

[1N]

此图标为结束缝中心刀的动作位置,数据可以修改。
数据范围 5~15mm。

※ —→ 7

〈10〉

※ —→ 0.0　此图表示开始缝角刀的位置设定,数据在 0~10mm。

※ —→ 0.0

〈1P〉

※ —→ 0.0　此图标表示结束缝角刀的位置设定,数据在 0~10mm。

※ —→ 0.0

〈1R〉　指定开始缩缝间距。
数据范围 0.5~1.5mm。

※ —→ 0.0

设定开始缝倒缝间距。
数据范围 1.0~3.4mm,应在平缝间距以下。

※ —→ 2.0

〈1S〉

结束缝缩缝,设定缩缝间距。
数据范围 0.5~1.5mm。

※ —→ 1

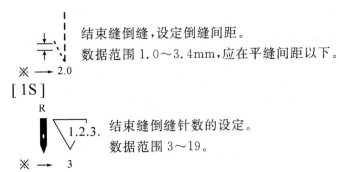

结束缝倒缝,设定倒缝间距。

数据范围 1.0～3.4mm,应在平缝间距以下。

[1S]

结束缝倒缝针数的设定。

数据范围 3～19。

图 5-169-4、图 5-169-5 表示在以袋盖为缝制讯号的设定中,由于尘灰等的掩挡,机器会停不了针而被中刀多切了缝料,特设定了袋盖强行停止功能。

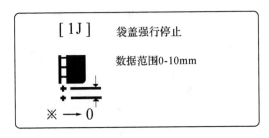

图 5-169-4

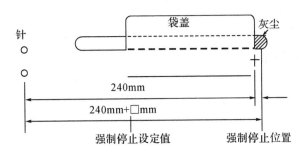

图 5-169-5

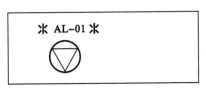 表示数据可以修改、输入。

暂停图标的解读与操作

(1)暂停警报显示

显示屏显示图 5-169-6 警报号码和暂停图标,表示发生了警报并暂停,按 R 键可以解除警报。

图 5-169-6

（2）断线警报

显示屏显示图 5-169-7 警报号码和图标，表示机器检测到缝线断。按 R 键可以解除断线警报。

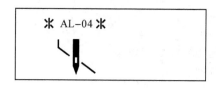

图 5-169-7

（3）停针没到位

显示屏显示图 5-169-8 警报号码和图标，表示缝纫机停针时挑线杆没处于上死点。

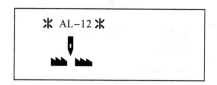

图 5-169-8

AL-12 的解除：①大压脚板在前进端或后退端时，转动飞轮，让挑线杆处于上死点，警报就解除。

②大压脚板在中间时，转动飞轮，让挑线杆处于上死点，然后按 R 键，警报解除。

计数键的使用

按（计数器）键，任何画面都可以变更为图 5-169-9 所示画面。

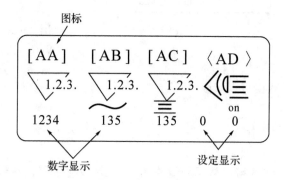

图 5-169-9

各图标的作用如下：

[AA] 总计数，表示缝制总数量。按 R（复位）键清除数值（不能用数字键盘输入数字）。

[AB]

1.2.3.

计数数量,表示缝制数量,按 R 键清除数值,不能输入数字,缝制 1 件之后加算 1,与底线计数器相等时,为计数满了,这时大压脚移动到后退端,LCD 显示部显示计数完了画面,停止缝制。按"R"复位键,结束计数完了画面。

[AC]

1.2.3.

底线计数。设定缝制预定数量。

〈AD 〉 设定底线余量检测功能和底线余量调节计数器。

on

增大余量,把数值向 0 的方向调;

减少余量,把数值向 9 的方向调。

※ → 0

二、自动开袋机的缝制原理及操作过程

1. 缝制原理

要理解开袋机的自动工作原理,先来分析一下用普通平缝机来缝制口袋时要做的工序。如图 5-170 所示为双嵌线的开挖袋工序图解。

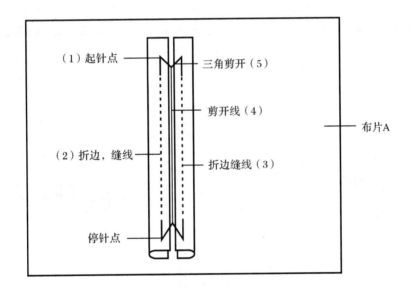

图 5-170　双嵌线挖袋工序

(1)把留有开袋标记的衣片正确地放到机针下。

(2)折叠上嵌条,把它放在衣片的相应位置上,缝上一道线迹(两头倒回针,并要注意线迹与折边布的距离)。

(3)折叠下嵌条,把它放在衣片的相应位置上,缝上一道线迹(两头倒回针,要注意两线的宽度和与折边布的距离)。

（4）在两道缝线之间把衣片剪开。

（5）如图5-170所示,把两袋角剪开。

以上就是平缝机的开挖袋工序,把这些工序整合,让机器自动完成,就是自动开袋机要完成的工作过程。自动开袋机的缝制原理是用光电枪的十字光点作为衣片、嵌条的定位点;用一块嵌条进行折叠,达到两块嵌条折叠的相同效果,并规格一致;用双针缝纫机一次性完成两道线的缝制;在缝制过程中中刀动作,切开袋口线;缝纫结束后让三角刀动作切开袋角。

2.操作过程

操作过程如图5-171所示。

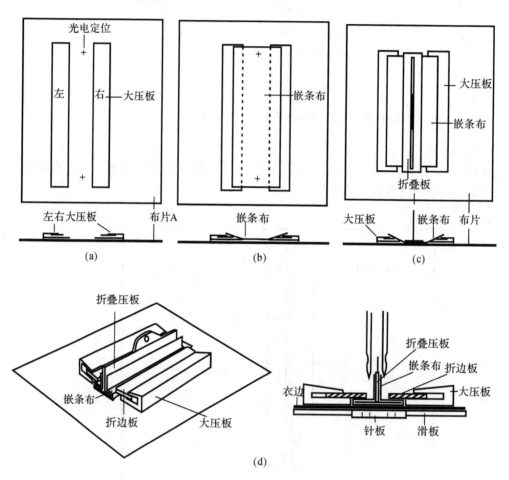

图5-171　自动开袋机工作过程

（1）踏下踏板（一级）滑板架快速前行,滑板和大压板到达最前端（机架下三角刀架复位）。

（2）十字光标对准衣片上的标记,踩下踏板（二、三级）,左、右大压板压下。如图5-171（a）所示。

（3）放上嵌条布（相对位置对准光标）如图5-171（b）所示,踩下踏板（四级）,折叠压板压下,左右折边板闭合,嵌条布被折边如图5-171（c）,（d）所示。

（4）放上（右）袋盖,踩下踏板（五级）,右袋盖压板压下;踩下踏板（六级）,左袋盖压板压下。

（5）膝靠启动开关，滑板架后移，滑板和大压板配合，把衣片和折叠成形的嵌条、袋盖从折叠压板下逐步抽出。

（6）当袋盖、嵌条、衣片移动到机针下面时，光电眼捕捉到袋盖的信息，输出信号，缝纫机起动，双针缝制开始。（此时滑板、压板架的移动应是间隙运行）

（7）在程序的控制下，机器完成了倒回针、慢速、中刀开缝和三角刀移位动作。

（8）当光电眼又感应到折边板的反射光（袋盖已缝完，折边板上反射片已露出），缝纫停止，提线器动作，提握面线并切断，滑板架高速后退到位（在这一过程中底线被割断）。

（9）三角刀在汽缸的驱动下上升，正确地切割开袋口三角，角刀下降。

（10）叠料器工作，把缝制好的衣片放在叠料板上（整个工作过程结束）。

三、自动开袋机的使用管理与维护保养

自动开袋机因其机构复杂系数高、生产流程中工序位置重要及价格昂贵等因素，被列为服装企业的重点设备，应建立一整套管理、使用、维护维修制度。

1. 使用管理

（1）建立设备完好标准和设备定期检查制度，每次维修后都应作维修记录。

（2）自动开袋机的缝制操作人员必须经过岗位培训。

（3）妥善保管好使用说明书，有关资料存档。

2. 维护保养（使用中应注意事项）

（1）压缩空气在运送过程中会有水气积聚，为了避免水气进入汽缸，机器通汽管道中设有水气分离装置（滤清器），每天必须排水一次，并检查空气压力应在0.5MPa。

（2）缝纫前先要在布片上进行试缝，对机器动作、线迹、开刀刀口确定正确无误后方可进行衣片的缝制（必要时可重新设定）。

（3）要经常用气枪清理大压板和折边板上的尘灰，以免尘灰掩蔽，影响光电系统的工作。

（4）应定期检查中心刀和三角刀的锋利状况，必要时要更换刀具。

（5）每月定期检查缝纫机的机油，并按规定的机油使用。

（6）自动开袋机应避免在高温、高湿度的场所工作。

（7）机器出现故障时，一定要让有经验的电器机械专业维修人员来维修。在没有确切搞清机器故障原因前，不要轻易拆卸机器。

（8）JUKIAPW型自动开袋机使用的是MTX190-16～18♯机针，机针要装到顶，两针长槽相对（朝向内侧，类同于普通双针平缝机）。

第九节　其他专用和装饰用缝纫机简介

专用缝纫机是用于完成各种专门缝制工艺的专用设备，如锁眼机、钉扣机、套结机、缲边机、开袋机等等。专用缝纫机的应用，替代了人工技能操作，改善了加工工艺，使产品质量得到保证，生产效率得以提高。装饰用缝纫机是为增加服装的花色品种和美观程度而配备的，用于缝出各种漂亮的花型与装饰线迹及缝边，如曲折缝机、绣花机、绗缝机等。

一、套结机

套结机属专用缝纫机,外形如图 5-172 和 5-173 所示。

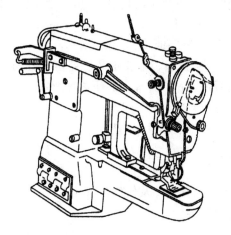

图 5-172　GE1-1 型机械控制套结机

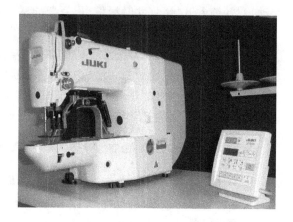

图 5-173　LK-1900A 电子控制套结机

(一)用途与分类

套结机又称打结机或扎结机,企业里还有称打枣机,是一类用于服装和其他缝制品受力较大部位加固缝的专用缝纫机。适用于袋口、裤带襻、腰襻、裤(腰)门襟、背带等受力部位的套结,提高这些部位的耐用程度,在起加固作用的同时,套结的各种缝迹又有一定的装饰效果。套结机有机械控制与电脑控制两类,通过送料机构的不同运动轨迹,可缝制出不同形状的套结缝迹有普通套结缝迹和花样套结缝迹,如图 5-174 和 5-175 所示。

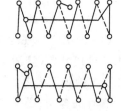

图 5-174　普通套结缝迹

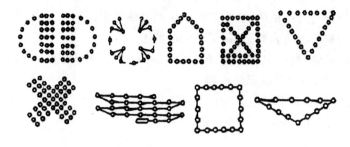

图 5-175　花样套结缝迹

(二)GE1-1 型套结机的线迹形成与机构作用

套结机是在平缝机的基础上,增加纵横向送布机构的复合运动,从而形成各种形状的线迹。套结机的工作原理及主要工作机构基本相同,以下以机械控制的 GE1-1 型套结机为例介绍其线迹的形成与机构的作用。

图 5-176 是总针数为 42 针的普通套结缝迹。线迹结构中第 1 针到第 13 针,送料机构夹持缝料左右送料,形成衬线,目的是使套结更美观、更有立体感,第 14 针到第 42 针,送料

机构前后送料,形成套结缝迹。整个套结过程自动完成,套结长度范围一般为 6～16mm,套结宽度范围为 1～3mm。

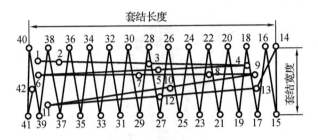

图 5-176　套结线迹

套结机的套结过程是在机器启动后几秒钟内自动完成的,需要各组成机构准确地相互配合。机器的主要工作机构有机针机构、钩线机构、挑线机构、送料机构、压脚机构、松线机构、二级制动机构、互锁机构。各机构的作用分别为

(1)机针机构:引导面线穿刺缝料,在到达下极限位置后回升时形成线环,为摆梭钩取线环做好准备。

(2)钩线机构:由摆梭将机针所形成的线环钩住,并牵动线环扩大使之绕过摆梭,此时挑线机构将面线抽紧,实现面线与底线的交织。

(3)挑线机构:在套结缝纫过程中,根据线迹形成的不同阶段输送机针线环在摆梭上套圈所需的面线;在面线环脱离摆梭后,抽紧已形成的线迹;再从面线团中拉出一定长度的面线,补足形成下一个线迹所需面线。

(4)送布机构:将缝料按规定的运动轨迹往前推送。

(5)压脚机构:压牢缝料,并使送料拖板与缝料之间产生足够的摩擦力,以便顺利送布完成套结。

(6)抬压脚机构:当套结完成后,抬起压脚将缝料取出或移动缝料。

(7)二级制动机构:在套结结束时,先进行减速,在结束的同时,通过缓冲装置克服惯性,使机器停转。

(8)互锁机构:通过互锁机构使抬压脚和启动机器实行互锁。

(三)GE1-1 型套结机的使用

(1)装针:将针柄装入针孔顶部,把机针长槽稍偏左对准操作者,这样缝迹将更加美观。

(2)穿线如图 5-177 所示。

(3)套结参数调整:

①套结长度调整(见图 5-178):将机器右侧套结长度调节曲柄上的蝶形螺母松开,按长度标尺移到要求的位置后,紧固蝶形螺母即可。

②套结宽度调整(见图 5-179):该调节装置在机器左侧,调整时先旋松锁紧螺母,再旋松调节螺钉,按要求移到标尺的位置,旋紧调节螺钉,再旋紧锁紧螺母。

(4)缝线张力调节:面线张力调上夹线器与下夹线器,一般上夹线器不宜过紧。调节方法与平缝机相同,拧夹线器螺母,顺时针拧张力加大;反之变小。底线张力大小也是调节梭皮弹簧的压力,顺时针旋紧梭皮弹簧螺丝,张力变大;反之变小。

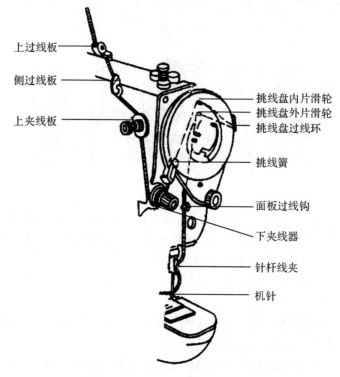

上过线板
侧过线板
上夹线板
挑线盘内片滑轮
挑线盘外片滑轮
挑线盘过线环
挑线簧
面板过线钩
下夹线器
针杆线夹
机针

图 5-177　GE1-1 型套结机穿线

　　(5)操作:踏下左脚板抬起压脚,放进缝料,对正套结位置,放下压脚,踏下右脚板启动机器,经过数秒钟后,即自动完成套结缝纫并停车。

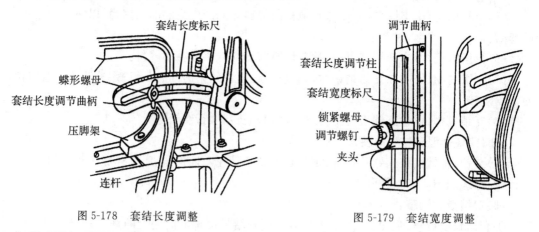

套结长度标尺
蝶形螺母
套结长度调节曲柄
压脚架
连杆

图 5-178　套结长度调整

调节曲柄
套结长度调节柱
套结宽度标尺
锁紧螺母
调节螺钉
夹头

图 5-179　套结宽度调整

(四)LK-1900A 型电子套结机的使用

　　电子套结机的使用与机械控制套结机不同的是,所有参数都在控制面板上设置。操作顺序如下:

　　(1)针的选用与安装

　　该机选用 DP×5,DP×17 针型。

　　装针:将针柄装入针孔顶部,把机针长槽对准操作者,拧紧固定螺丝。

　　(2)面线穿线

面线穿线操作(见图 5-180)。

图 5-180　LK-1900A 型套结机穿线图

(3)参数设定

如图 5-181 所示,为控制面板示意图。如图 5-182 所示,为各项目图标含义图。

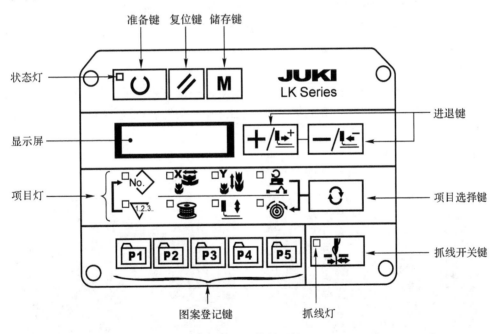

图 5-181　控制面板

各图标含义如下:

准备键——操作盘设定状态与缝制状态的变换键。

图案No.　　X扩大缩小率　　Y扩大缩小率　最高速度限制　缝制计数器　　卷线　　压脚下降　　线张力

图 5-182　各项目图标含义图

状态灯——设定状态时灯灭,缝制状态时灯亮,通过准备键变换。

复位键——解除异常,将设定值返回到初期值时使用。

储存键——储存器开关的设定方式。

进退键——使用于图案"NO."扩大缩小率的变更、前进、后退、送布。

项目选择键——选择设定的项目。项目被选择时灯亮,设定值被显示。

显示屏——显示图案"NO."扩大缩小率等被选择项目的设定值。

项目灯——项目被选择时灯亮。

抓线开关键——选择抓线功能是否使用。

抓线灯——灯亮时,进行抓线动作。

图案登记键——登记图案。登记后的图案,只要一按此键就可以立即进行缝制。

设定步骤如下:

图案号码——X 放大缩小率——Y 放大缩小率——最高速度限制——线张力

设定方法是:在缝制灯灭的状态下,按选择键选中项目图标(灯亮),用进退键选择所要数据。设定结束时按准备键,转换成缝制状态。按准备键后,设定值被记忆;如果不按准备键,断电后,设定值不被记忆。

值得注意的是:在缝制前要进行图案与压脚匹配的确定,否则如果图案长度超过压脚,在缝制过程中,针会碰到压脚而导致断针。具体操作时,先选择压脚下降,踩脚踏开关让压脚下降(此时机器不会启动,脚离开脚踏开关压脚也不上升),然后用进退键确定此图案长度对该压脚是否可用,最后按复位键。

(4)缝制操作

以上选择与准备工作做好后,把缝制品放入压脚下;踩踏板开关到第一级,压脚下降(此时松开脚,压脚会上升);再往下踩到第二级,机器开始自动缝制;缝制结束后,压脚上升返回到始缝位置。

(五)套结应用实例

套结在服装上运用较为广泛,图 5-183 所示为其中的几例。

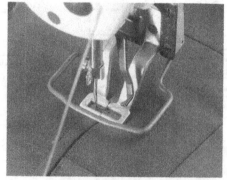 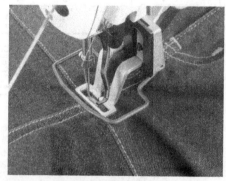

(a) 裤口袋套结　　　　　　　　　　(b) 牛仔裤股下套结

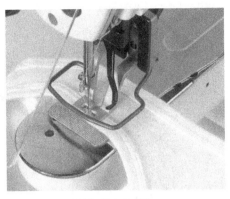

(c) 针织背心肩套结　　　　　　　　(d) 套结钉裤带襻

图 5-183　套结应用实例

二、缲边机

缲边机属专用缝纫机,其整机外形如图 5-184 所示。

图 5-184　缲边机

(一)用途

缲边机是专门用于上衣下摆边、袖口边、裤脚贴边和裙下摆边等处的暗缝缲边作业的缝纫机,装上专用附件后可用于西服驳头的门襟衬加工,即扎驳机。缲边机将服装的折边与衣身缝合,在正面不露缝线,达到人工缝合的效果,大大提高工作效率。

(二)线迹形成过程

缲边机的线迹一般使用 103 号单线链式线迹,是由弯针和成圈叉以及机器其他机构的相互运动配合实现的,其线迹形成过程如图 5-185 所示。

第一步:带有缝线的弯针 1 从左向右摆动,在送料即将结束前,弯针刺入缝料,在顶布轮前方穿过缝料进入针板上右面的弯针槽内。从缝料到弯针针孔这段缝线因张紧自然与弯针之间有一定的间隙,此时成圈叉 3 开始迎着这段线往操作者方向运动。

第二步:弯针摆至最右位置,成圈叉继续向操作者方向运动,当弯针向左回摆时,缝线与

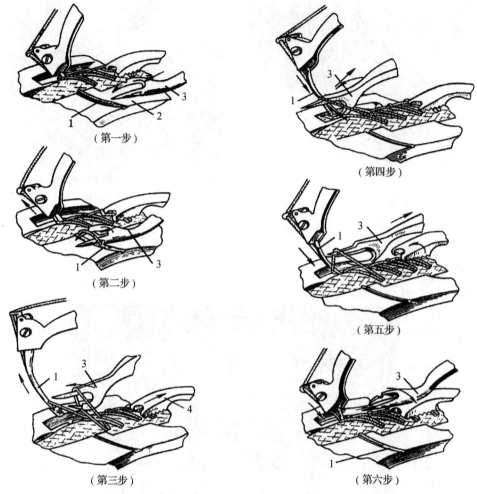

（第一步）

（第二步）

（第三步）

（第四步）

（第五步）

（第六步）

1—弯针　2—针板　3—成圈叉　4—送布牙

图 5-185　缲边机线迹形成过程

弯针之间间隙加大,成圈叉进入缝线与弯针间隙中。

第三步:弯针向左摆至极限位置,成圈叉挑起弯针线环并逆时针旋转 90°,同时从右到左摆动,将线圈送到缝料穿刺位置前,此时上送布牙 4 在缝料上方压送缝料走过一个针距。

第四步:弯针再从左向右摆动,在第二针刺入缝料前先穿入成圈叉挑起的第一针线环中,成圈叉开始回退。

第五步:成圈叉继续回退,送布牙完成送料,开始抬起并复位,弯针刺入缝料。

第六步:弯针继续右摆,成圈叉退出线环,并在退出过程中顺时针旋转,从左向右摆回,重复第一步的动作。如此循环,形成了单线链式缲边线迹。

（三）主要参数调整

以日本大和牌 CM-364 型为例。

(1)针距调整(见图 5-186)。针距调整范围为 3.2～8.5mm。调节时左手轻压按钮,右手转动手轮,当感觉按钮卡入轴孔后,继续转动手轮,使需要的针距值对准手轮上的记号点,调整完毕,放松按钮。

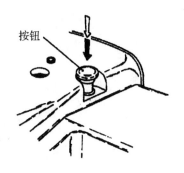
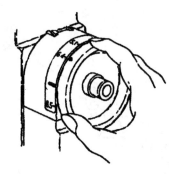

图 5-186　针距调整图

（2）扎针深度调整（见图 5-187）：扎针深度可根据需要进行调整，应以缝线不露出服装正面，而又有一定的缲缝牢度为宜。通过机器前方的深浅表进行调整，缲缝薄料时逆时针旋转深浅表旋钮以减少扎针深度；相反，在缝厚料时，顺时针旋转深浅表旋钮以增加扎针深度。

图 5-187　扎针深度调整图

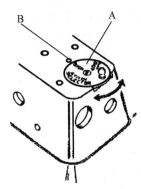

图 5-188　缝迹调整图

（3）缝迹调整（见图 5-188）：缲边机的缝迹有两种，即 1∶1 和 2∶1 缲边缝迹，1∶1 缝迹为每针均将两层面料缲在一起，正反面有相同的针距，2∶1 缝迹是上面的缝料每针缝一次，下面的缝料每两针缝一次，获得跳跃针迹，缝料正面的针距是反面的两倍。调节方法是：旋动机器右侧的跳缝手柄盘 A，将"SKIP"字母对准记号点 B，则为跳缝，如将"NO SKIP"字母对准记号点 B 则为无跳缝。

（四）使用

（1）弯针安装

如图 5-189 所示，用手转动机轮，使针柱到左方最高点，

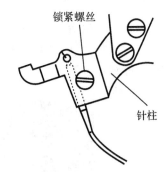

图 5-189　弯针的安装

松开锁紧螺丝，将弯针的针柄插入针槽中，确定针柄推到顶端后，拧紧锁紧螺丝。

（2）穿线

如图 5-190 所示穿线。

（3）缝制

将弯针转至左方最高处，用右膝向右压靠膝器，使下压脚向下运动与针板压舌形成一定缝隙，将折好的缝制物推放到上送料压脚和针板压舌下，使缝边紧贴压脚导布器，然后膝部

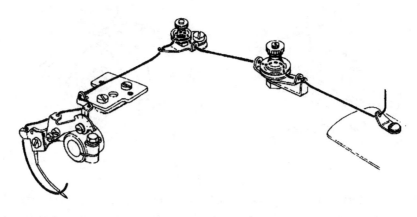

图 5-190　缲边机穿线

松开靠膝器,即可开动机器缲边。缝制结束后,顺时针转动机轮,使弯针退出缝料并到达左面最高点,右膝向右压靠膝器,放松缝制物并将缝制物从机器后方拉出,拉断或剪断缝线,以锁住最后一针。机针上要留足够缝线,以便下次缲缝。

(4)针、线与缝料的搭配

由于缲边要求服装正面不能露出缝迹,因此不同厚薄的面料选用不同针与缝线,其搭配如表 5-12 所示。

表 5-12　针、缝线与缝料的搭配表

缝料	针号	缝线
薄面料	9♯～11♯	12.5～10(tex)(80～100 公支)
中厚料	11♯～14♯	16.67～14.28(tex)(60～70 公支)
厚面料	16♯	20～16.67(tex)(50～60 公支)

三、曲折缝机

随着人们生活水平的提高,对服装成衣的要求也发生了很大的变化,除了要求具有舒适等服用性能外,对服装的美观性也提出了更高的要求。为适应现代化的服装生产工艺要求,装饰用缝纫设备不断得到开发、应用和发展。曲折缝机就是其中使用较广的一种,其外形如图 5-191 所示。

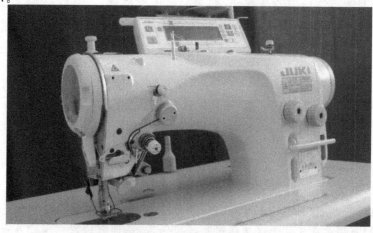

图 5-191　曲折缝机

（一）用途

曲折缝机又称"之"字缝机或"人"字缝机，是在平缝机的基础上增加了变幅针摆机构设计而成。改变机针的摆动幅度和位置，可灵活地形成绚丽多姿的装饰缝缝迹，将其曲折量调整为零就成为直缝缝迹，效果同平缝机。该机多用于女式内衣裤、泳装及各式弹性面料等的拼接加工。曲折缝机除适用于服装外，还用于鞋帽、箱包等的曲线、拼接、装饰缝等。

机械式控制曲折缝机缝迹的变换是通过变换花样凸轮来改变针摆运动幅度和位置而实现的。

随着电子技术的应用，曲折缝机缝迹的变换由电脑控制，其功能越来越多，花样越加丰富，除了自带花样以外（见图 5-192），并能在操作控制盘上自行设计个性化花样，如图 5-193 所示，满足现代服装的装饰要求。应用实例如图 5-194 所示。

图 5-192　曲折缝机自带花样

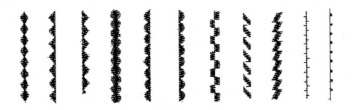

图 5-193　可自行设计个性化花样

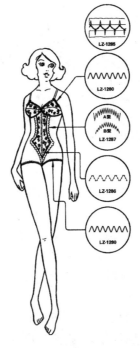

图 5-194　曲折缝机缝迹的应用实例

(二)参数调整

以重机 LZ-2290A 曲折缝机为例。

（1）送布长度调整（见图5-195）：转动送布调节发盘，把希望的数字对准机架上的刻点。

（2）始末缩缝的调整（见图5-196）：转动缩缝调节发盘，把希望的数字对准机架上的刻点，在开始和结束时缩小针距，进行加固缝。

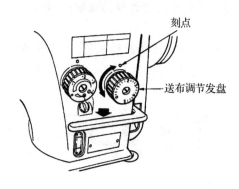

刻点
送布调节发盘

图5-195　送布长度调整

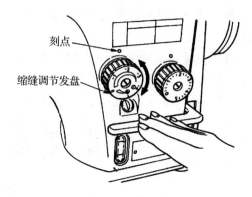

刻点
缩缝调节发盘

图5-196　缩缝调整

(三)使用方法

以重机 LZ-2290A 曲折缝机为例。

（1）机针的安装

如图5-197所示，转动飞轮，把针杆上升到最高位置，拧松机针固定螺丝，把机针长针槽面向操作者后插进针杆孔到底，再拧紧机针固定螺丝。

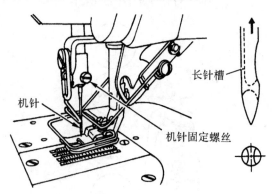

长针槽
机针
机针固定螺丝

图5-197　机针的安装

（2）底线的卷绕

如图5-198所示，把梭心插在绕线轴上，将线架右侧的卷线引出并把线端在梭心上卷绕几圈。按压绕线拨杆，让缝纫机转动，绕完自动停止，可以移动绕线调节板来调节底线卷绕量，绕线拨杆逆时针调卷绕量变多，顺时针调变少。绕线结束后线可在割刀上割断。

（3）面线穿线

转动飞轮，将机针移动到上升的位置，按图5-199所示顺序穿线，线过下夹线器时在夹线器上绕一圈再引出，上夹线器不绕，夹入后直接引出，穿过机针后拉出10cm左右线头。

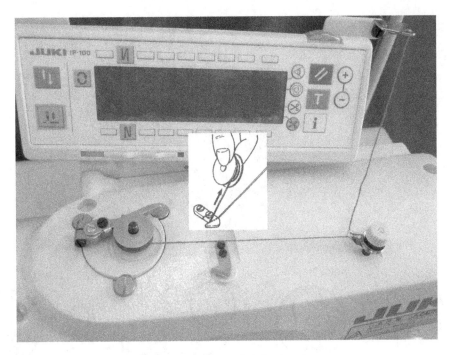

图 5-198　底线卷绕图

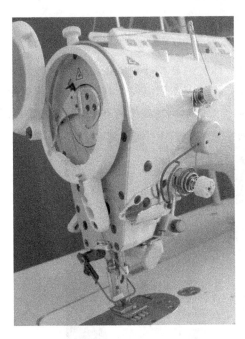

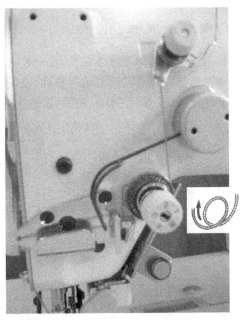

图 5-199　面线穿线图

（4）曲折缝之字形线迹在西装缝制部位的运用，如图 5-200 所示。

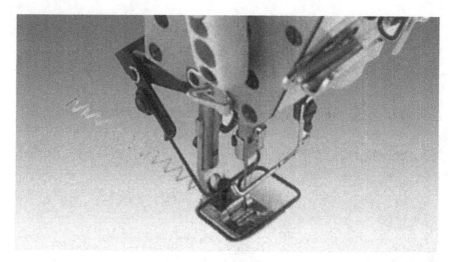

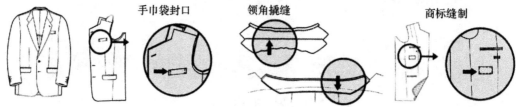

手巾袋封口　　　　领角撬缝　　　　商标缝制

图 5-200　曲折缝之字形线迹的运用

四、电脑绣花机

电脑绣花机属装饰缝缝纫设备,是一种机电一体化的高科技刺绣设备,可根据输入的设计图案和换色程序自动完成多色刺绣,能在棉、麻、化纤等不同面料上刺绣出各种花形图案,广泛用于时装、内衣、窗帘、床罩、饰品、工艺品的装饰绣。电脑绣花机的外形如图 5-201 所示。

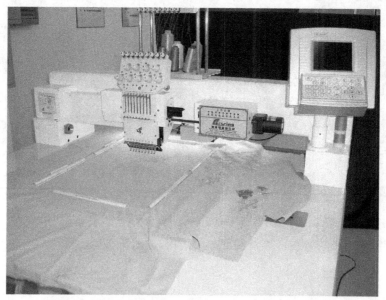

(a) 单头绣花机

(b) 多头绣花机

图 5-201　电脑绣花机

（一）用途与分类

电脑绣花机有单头和多头之分，较多的每台有 20 头。每一头完成一个绣片，如 20 头一次就可完成 20 个绣片。每头所含的机针数表示可满足所绣图案需变换的缝线颜色数，较多的每头有 9 根针，可变换 9 种颜色。绣花的工艺可分为平绣、珠片绣、镂空绣、盘带绣，绗缝绣等，如图 5-202 所示；绣花机如配备专用绣框，不但能进行衣片绣，还能进行成衣绣、帽绣等不同形状的服饰成品绣，如图 5-203 所示。

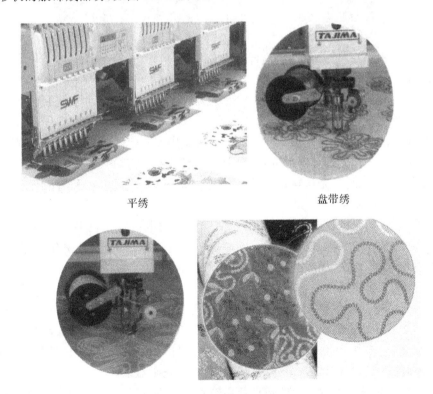

平绣　　　　　　　　　　　　　　　盘带绣

珠片绣

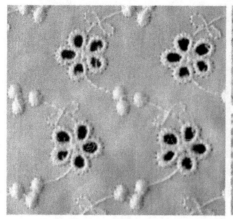 

镂空绣　　　　　　　　　绗缝绣

图 5-202　各种绣花工艺

图 5-203　成品绣花

(二)电脑绣花机功能特点

电脑绣花机的线迹有两种：锁式与链式。大多采用锁式线迹，线迹形成原理同平缝机。

电脑绣花机的工作原理分两部分：一是机头旋转选针，即选定设置好的绣线颜色，机针上下运动进行绣花作业；二是送料绷架前后左右动作控制绣花作业。机针和绷架的动作根据花样图案由电脑控制。

一般电脑可存储花样较多，如浙江飞鹰 GG705 系列电脑绣花机 DECS-08 型电脑控制系统可存储管理 99 个花样。内存花样可在一定范围内进行缩放、旋转绣作，另外还有反复绣作、批量绣作、贴布绣作、循环绣花、周边绣作等功能。

(三)电脑绣花机的使用

第一步：先将原始花型通过数字化仪、扫描仪等装置输入电脑，或自行运用花型绘制软件设计花型，然后在特定的绣花制版软件(较有名的有田岛电脑绣花系统、富怡图艺绣花系统等)中完成修改、添色、配色、添针法等步骤，并将设计好的花型转化为绣花机的控制码，以与绣花机相适应的格式(百灵达、田岛、富怡等)存到绣花磁盘中。

第二步：将在绣花制版软件中的磁盘花样输入到机器内存。当然，内存花样如果需要修改同样也可以输出到磁盘，在刺绣机电控板面上进行操作，可以完成磁盘花样的删除和简单的花样分割、拼接、组合等编辑工作。

第三步：在刺绣之前，应完成以下一些内容的设置：自动换色还是手动换色，即在绣作过程中遇有换色码时是停车后自动换色还是等待手动换色；自动启动还是手动启动，即在自动换色后是自动起绣还是手动拉杆起绣；设置绣作时的图案方向，设置图案的旋转角度、缩放倍率以及反复绣作等参数。

第四步：当确定所有参数都设置好，将绣料上绷，从电控面板上选择编辑好的刺绣花样，向右拉动台板下的操纵杆后松开，机器即可开始正常刺绣，绣作中向左拉一下操纵杆，机器即可停止刺绣，机器停绣后再向左拉操纵杆，绣框将沿绣作原路径回退，回退的目的大多为了补绣，10针以内为点动回退，松开操纵杆就停机，10针以上为连续回退，松开操纵杆后继续回退，退到位后再向左拉一下操纵杆即可停机。操纵杆如图5-204所示。

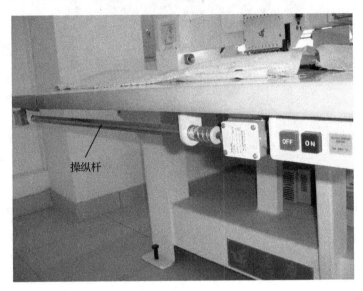

图 5-204　机上操纵杆位置图

五、套口缝合机

随着针织服装业的发展，以及由于针织面料所特有的舒适性，针织服装越来越受到人们的青睐。针织服装的加工除绷缝机、链缝机、包缝机以外，套口机作为成形纬编衣片的缝合设备也广泛运用于针织服装的生产中，套口机的外形如图5-205所示。

(一)用途与分类

套口机又名缝盘机，是羊毛衫成衣机械中代替人工缝合的主要设备，专门用于成形针织衣片与坯件的套口缝合。由于套口是将两片织物进行针圈对针圈的缝合，缝合后线圈对接，缝迹平整，常用于毛衫的肩缝、挂肩缝，以及衣身侧缝与袖下缝及领的缝合。

套口机机型种类很多，按线迹结构可分为单线链式与双线链式；按缝针作用方向可分为外针式与内针式；按机器配置方式可分为立式与台式；按套口形状可分为圆盘式与平直式等形式。

(二)线迹成缝原理

由于单线链式线迹富有弹性，是套口机应用较广泛的一种。单线链式套口机线迹的成

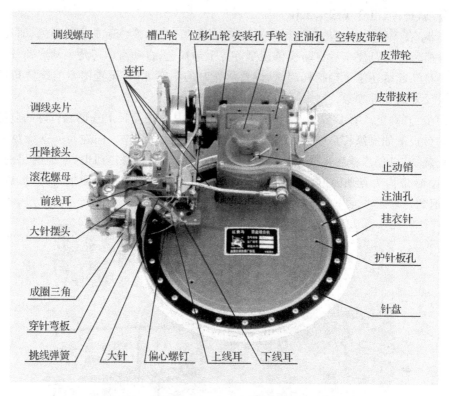

图 5-205　套口机外形图

缝原理如下：如图 5-206 所示，首先将织片按照要求穿套在针盘上，大针带线往针盘外穿过织片，倒回转时形成线环，被迎向前的成圈三角钩住，针盘顺时针转过一个针距，弯针再次带线穿过衣片，串套旧线环，此时成圈三角回退，脱离旧线环，大针回退形成新线环时，成圈三角又向前钩住刚形成的新线环，如此循环，新线环串套旧线环，形成单线链式线迹，并将两层或多层衣片缝合起来。

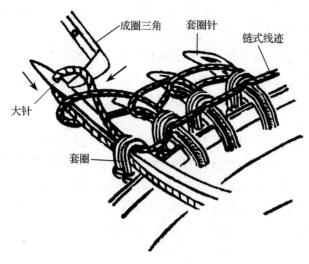

图 5-206　单线链式套口机线迹成缝原理

(三)使用

(1)机号的选用

套口机有一定的机号之分,所谓机号指每 25.4mm 内圆盘上套圈针的排列针数。选用套口机的机号必须与编织衣片的横机机号相配套。套口机与横机、缝针以及缝线的具体搭配如表 5-13 所示。

表 5-13　套口机针数、横机针数、缝针型号及缝线支数搭配表

缝合机针数(针/25.4mm)	5	6	8	10	12	14	16
横机针数(针/25.4mm)	3	5	7	9	10	12	12
缝针型号	7		6		5		4
缝线支数	20/2~24/2			26/2~30/2		32/2~36/2	

(2)穿线

如图 5-207 所示,穿线顺序为:线座→支线钩→后线耳→调线夹片→前线耳→调线弹簧→下线耳→大针针眼(由下往上)。

图 5-207　套口机穿线图

(3)缝合操作

将待缝衣片的同一横列线圈套入挂衣针,顺时针转动针盘(请勿在挂衣针上用力),将衣片移至缝合位置并回转定位,用手摇轮缝合 2~3 针后即可踩下脚踏开始正常缝合,缝合中缝合物间的空瓣长度不宜超过 100mm,否则易产生断针。

若需逆时针转动针盘,可向内按住如图 5-205 所示的手轮下方的止动销,再向逆时针方向转动手轮或拉动针盘。

（4）注意事项

①用手转动针盘时，先转动手轮将大针脱离挂衣针，以防大针折断。转动完毕时，要将针盘转到大针进入挂衣针时，正好对准挂衣针 V 型槽，避免因大针、挂衣针相对位置不正确产生碰撞或变形。

②皮带轮的转向必须按顺时针方向转。

③运行过程中，禁止机器空转。

④工作完毕，断开电源，安上护针盖，以免划伤手。

第十节　车缝辅件

一、车缝辅件的特点与功能

车缝辅件又称缝纫机辅助装置，它是可以方便地在缝纫机上安装和拆卸的一种辅助工具，也是可以把缝纫机的通用功能规范为一种特定功能的专用工具。

车缝辅件是生产技术革新的产物，是根据生产工艺的需求不断发明创造而发展起来的，已有数百种之多，且还在不断的发展中，不少车缝辅件已标准化规范生产，有的可随机供应，有的可从缝纫机商店购买，也有的可到专业生产厂家定制。

车缝辅件是一种用较低生产成本获取较高经济效益的实用装置，它能使技术性操作变为熟练性操作，降低人为因素的影响和作业难度，不但降低用工成本，而且较大程度地提高产品质量和生产效率，在服装企业得到广泛的应用。

二、常用车缝辅件的种类与运用

车缝辅件形式很多，按其不同的角度可有不同的分类，就其大类而言，大致可分为挡边类辅件、卷折类辅件及其他功能性辅件。以下是较典型的车缝辅件及其运用。

1. 挡边类辅件

挡边类辅件用作压等边直线的导轨，使车缝时易掌握，便于提高产质量。

（1）固定型挡边辅件，如图 5-208 所示，高低压脚，用于压缝较窄的止口边。

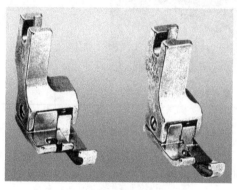

高低压脚

图 5-208　固定型挡边辅件

（2）活动型挡边辅件，如图 5-209 所示，一般用于缝纫较宽缝边的直线。

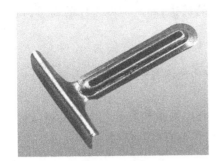

T形挡边器

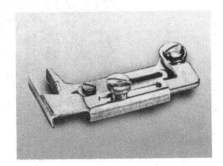

活动挡边器

可调挡边器

磁铁挡边器

图 5-209　活动型挡边辅件

T形挡边器:安装时,固定在缝纫机针板右侧的专用螺孔上。

活动挡边器:一次调好,可运用于两种宽窄的缝边,满足不同工序的需求。也安装在缝纫机针板右侧的专用螺孔上。

可调挡边器:安装时,固定在压脚螺丝上。

磁铁挡边器:使用时,吸在缝纫机台面上,位于所需缝边宽度处。

2.卷折类辅件

可用于衣片本身的卷边,衣片边缘的包边,衣片镶条和衣片与衣片的拼接嵌线或夹接,及折带缝纫等。使缝纫卷折整理工序大大简化,可节省好几倍时间。

(1)卷边辅件(见图 5-210)。

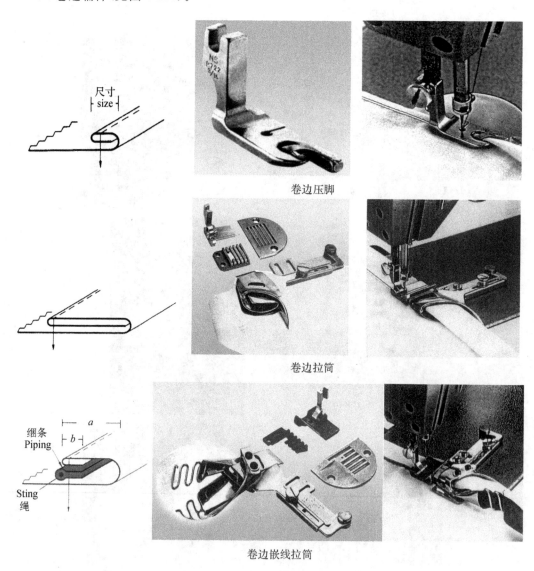

卷边压脚

卷边拉筒

卷边嵌线拉筒

图 5-210　卷边辅件

卷边压脚:用于较窄的卷边,如围巾的卷边,衣服、床上用品的木耳边卷边等。

卷边拉筒:用于衣服的卷边,一般有一定的宽度。安装时,固定在缝纫机针板右侧的专用螺孔上,还需调换针板、送布牙与压脚。

卷边嵌线拉筒:使繁琐的工艺变得简单,且整齐美观。安装与卷边拉筒相同。

(2)嵌线辅件(见图5-211)

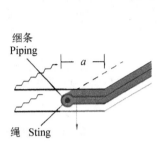
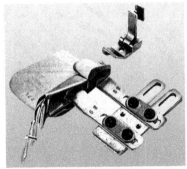

嵌线拉筒

底贴嵌绳夹具

图5-211　嵌线辅件

嵌线拉筒:可将嵌线与拼接缝一次完成,提高生产效率。用于衣服的领边、门襟、袖边、剖缝线等处的装饰,也用于床上用品拼接,如枕套边缘、床罩的床沿边等拼接处的装饰。安装时固定在缝纫机针板右侧的专用螺孔上。

底贴嵌绳夹具:用于需要凸底绳部位的装饰缝。如茄克类服装上的装饰。

(3)包边辅件(见图5-212)

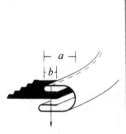

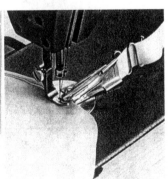

包边拉筒

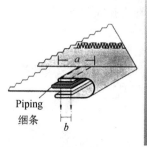
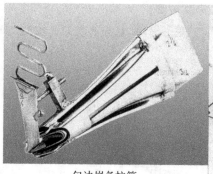

Piping
细条

包边嵌条拉筒

图 5-212　包边辅件

包边拉筒：用于衣片的包边工艺或缝份上代替拷边的包边等。使用时，需调换针板、送布牙与压脚。

包边嵌条拉筒：是将嵌条与包边条一同送入缝合，起到更好的装饰效果。

（4）折接辅件（见图 5-213）

安装时，都固定在缝纫机针板右侧的专用螺孔上。

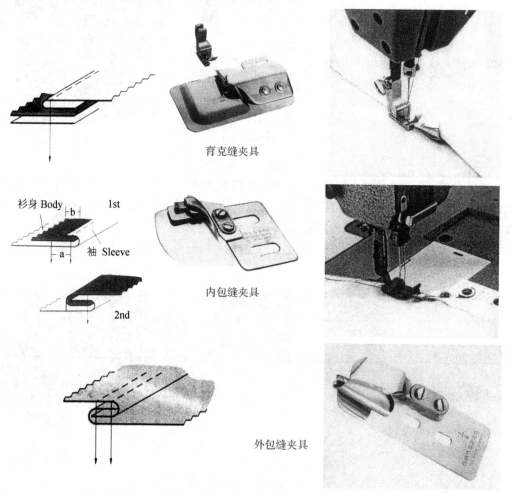

育克缝夹具

衫身 Body　1st
袖 Sleeve

2nd

内包缝夹具

外包缝夹具

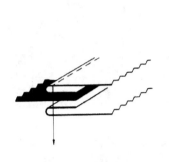

夹接缝夹具

图 5-213 折接辅件

育克缝夹具：可使育克缝的两道缝纫并为一道，且缝份一致。提高产品质量。

内包缝夹具：可固定折叠缝份宽度和包叠程度，使逢型美观，平整。如衬衫的绱袖缝缝份的包叠程度，第一道缝型夹具可设计成不包叠（ ），使圆弧拼接的内包缝缝型平整服帖。

外包缝夹具：使两道缝纫并为一道，且折叠缝份宽度和重叠程度一致。使缝制简便快速。

夹接缝夹具：将两道缝纫并为一道，且缝份与夹叠量一致。使用时，需调换针板、送布牙与压脚。

（5）镶条、镶边辅件（见图 5-214）

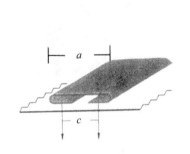

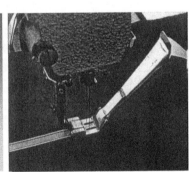

镶条拉筒

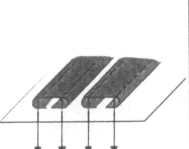

多条镶条拉筒

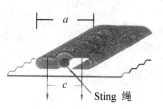

Sting 绳

镶条嵌绳拉筒

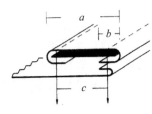

镶边拉筒

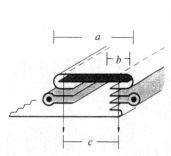

双嵌线镶边拉筒

图 5-214 镶条、镶边辅件

镶条、多镶条、镶条嵌绳拉筒:用于衣片中间拉镶条,能使镶条与缝迹宽窄一致,做到工艺精致。该类拉筒与压脚连体,安装方便。

镶边拉筒:用于明贴边的缝制,如衬衫的翻门襟缝制,使装门襟工艺变得简单易做,有利于保证质量,适合批量生产;双嵌线镶边拉筒,使嵌线和门襟一道缝制,变复杂工艺为简单操作,起到很好的装饰效果。安装时固定在缝纫机针板右侧的专用螺孔上,需换相应的压脚。

(6)折带辅件(见图 5-215)

明线折带拉筒:用于抽带、裤带环等。该拉筒与压脚连体,安装时,固定在压脚螺丝上。

暗线折带拉筒:用于装饰结用带等。该拉筒位于针板上,安装时,需调换针板、压脚与送布牙。

绷缝折带拉筒:用于裤带环缝制,比明线折带拉筒缝省料服帖。安装时,固定在绷缝机

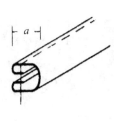
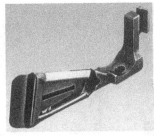

明线折带拉筒

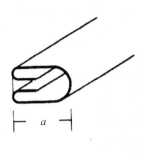
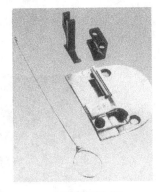
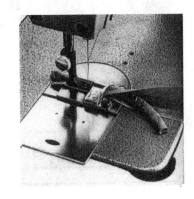

暗线折带拉筒

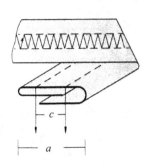
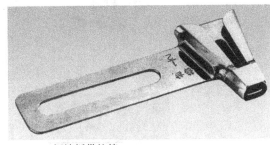

绷缝折带拉筒

图 5-215 折带辅件

台的专用螺孔上。

3.其他功能性辅件

(1)起皱压脚

起皱压脚利用压脚跟部抬起不送布,使前部缝好送入的针迹抽紧的原理抽碎褶,多用于木耳边的抽褶。如图 5-216 所示。

起皱压脚 A 上的螺丝可调起皱程度,螺丝顶得越进,压脚跟部抬的越高,起皱越大;螺丝退出,使压脚底平压于针板上,则不起皱。

起皱压脚 B 为不可调起皱压脚,但缝纫速度与缝线张力会对起皱量有影响。

起皱压脚 C 为底缩面不缩起皱压脚,可直接将木耳边绱到衣片或缝制品上。

(2)单边压脚(见图 5-217)

单边压脚有左右向之分,用于一边靠牢凸起的缝料,压很窄的止口,如 0.1 止口。也可用于绱拉链。

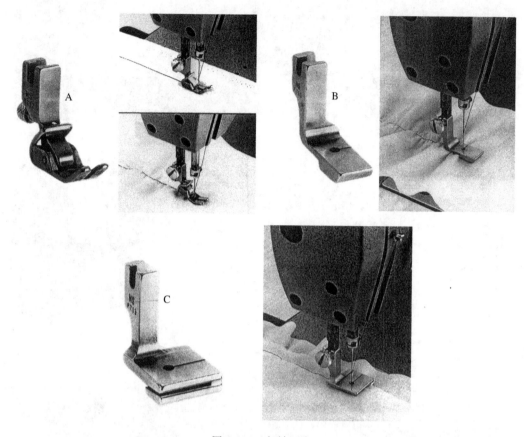

图 5-216　起皱压脚

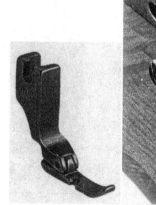

图 5-217　单边压脚

图 5-218　拉链压脚

（3）拉链压脚（见图 5-218）

拉链压脚比平压脚窄很多，用于需靠近凸起的缝料缝纫时让开凸起部位。如绱明拉链等。

（4）嵌线压脚（见图 5-219）

嵌线压脚由于嵌线凸起，需用专门能容纳嵌线的压脚缝纫。使用时，根据嵌线的粗细，选择不同大小容纳槽的嵌线压脚。

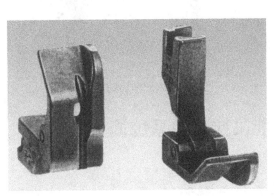

图 5-219　嵌线压脚

（5）打条褶夹具（见图 5-220）

打条褶夹具可进行等距离打条褶，用夹具代替人的控制技能，使褶裥条均匀整齐。

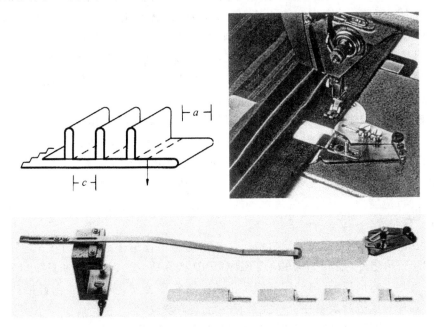

图 5-220　打条褶夹具

（6）钉扣标尺（见图 5-221）

应用钉扣标尺机器钉扣，可省去点扣位的工序，节省用工成本。

图 5-221　钉扣标尺

第十一节　服装智能吊挂传输系统简介

一、服装智能吊挂传输系统的发展与现状

服装智能吊挂传输系统是 20 世纪 70 年代发展起来的新设备、新技术,它是人们在总结多年来的服装生产实践的基础上,为了提高生产效率和管理水平由简单的手工和地面传输方式逐步演变而来的一种新型传输方式,它是人类科技进步的产物之一。

规模较大的服装生产都是以流水线方式进行的,因此在生产过程中在制品的传递成了不可缺少的环节,在制品的传递方式直接影响到生产效率与产品质量。传统的在制品运输方式如采用篮筐、货车等,在传递时需要将衣片等扎束起来,以成捆的形式传递,而打捆、解捆都需要花费时间,劳动强度大,工作环境差,且衣片容易污损和褶皱。为改善在制品的传递状况,服装设备生产厂家开发了服装智能吊挂传输系统。

服装智能吊挂传输系统亦即智能化物料吊挂运输系统(Intelligent Material Handing System)。1967 年瑞典 ETON(铱腾)公司衬衫厂开发出了第一条机械式吊挂运输系统,并不断地改良,到 1988 年配置了电子计算机,实现了自动化吊挂传输系统,使服装生产发生革命性改变。该系统是服装工业改善劳力成本、库存成本,应对小批量、多品种、短周期、高品质,实现快速反应能力和现代化管理水平的先进设备之一,开创了服装(包括家纺等)生产和质量管理的新纪元。

现在世界上已有不少纺织服装机械厂家从事物料吊挂运输系统的开发和生产,除了瑞典的 ETON 公司之外,还有德国的 DUERKOPP(杜克普)公司、日本的 JUKI(重机)公司等;另外还有如上海的三禾、奥乃实等服装机械制造有限公司,实施中外合资吊挂系统设备生产,其产品相对于进口设备在价格上具有一定的优势。

由于服装智能吊挂传输系统初期投资费用比较高,使用技术人才较匮乏等原因,我国服装制造业使用吊挂系统的厂家目前还不是很多,一般来说还局限在一些规模较大的企业集团。但相信随着我国经济建设的不断发展,服装 CAD,CAM 系统应用的不断普及,我国的企业发展会越来越与世界发展同步,服装智能吊挂传输系统也将加倍受到服装(家纺等)生产厂家们的青睐。

二、设备硬件的主要组成部分及作用

如图5-222所示为服装智能吊挂传输系统生产场地局部图。如图5-223所示为27个工位(即工作站)的服装智能吊挂传输系统的场地排位图例。

图5-222 吊挂传输系统生产场地局部图

以ETON服装智能吊挂传输系统为例,它主要由主传动系统、工作站、主控制台及电脑(含ETON吊挂系统专业软件)等组成。其主要硬件的构成及作用介绍如下:

(1)主传动系统

它由自动升降装置、主轨链条、推片、主轨读码器、主轨电机、集成分配气阀、空压机等组

图 5-223　27 个工位吊挂传输系统场地排位图例

成。由多个小推片沿主轨进行传送工作,将不同去向的吊架按操作指令传送到不同的工作站内。

（2）工作站

如图 5-224 所示,工作站主要由工作弯轨（单轨或多轨道）、吊架（含不重复的吊架条形码编号）、读码器、弹性链条（无油型、并且可自由调节链条长短）、工作站终端机、员工按键、缝纫（含上架、品检、缓冲等）工位等组成。它们的作用分别如下。

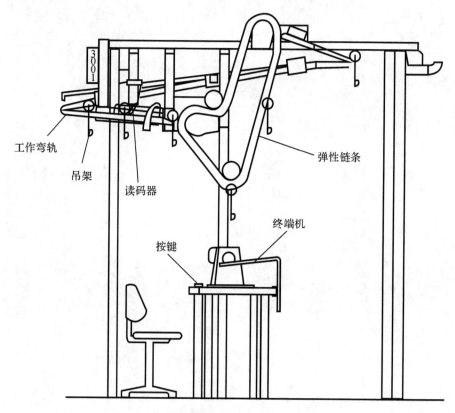

图 5-224　工作站示意图

工作弯轨：接受主轨送来的吊架。每一条工作轨都有它的地址——工作轨号,在系统中可以通过输入工作轨号设置吊架的运行路线,还能独立地接受由其他工作轨送来的吊架。如果某产品在生产过程中需要进行分颜色、分款及分码,就可以应用多内轨工作站,也就是在一个工作站中建立两条或两条以上的工作轨。

吊架：如图 5-225 所示,吊架主要起到运载衣片的作用。其上的条形码记录着每个吊架独一无二的编号。在生产管理系统中,电脑记录着各条形码吊架上所载在制品的生产资料,可以根据条形码编号来查看相关的信息,包括在产情况、质检情况等,做到实时监控。

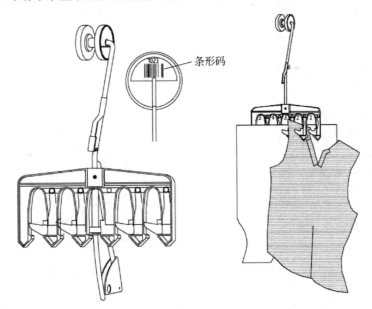

图 5-225　吊架示意图

读码器:读取吊架编号,记录生产资料。

弹性链条:如图 5-226 所示为黑白图,实物中红色弹性链条是由多个连接关节组成的,节与节之间有一个装有倒扣的中空槽,其中有一白色弹性钩环,这些钩环扣着吊架的滚轮部分,使吊架在工作站内随弹性链条的运转进行传送,从而将在制品传送到工作位上,且最佳工作位置可由操作员自行设定,以方便拿取。

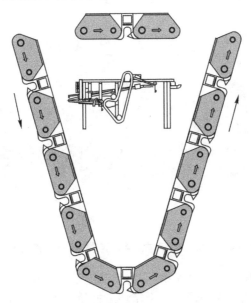

图 5-226　弹性链条示意图

终端机:如图 5-227 所示,组长和操作员可通过终端机与电脑系统联系。亦可在终端机屏幕上看到工作站内吊架的资料。

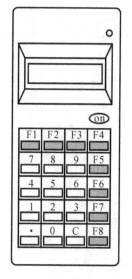

图 5-227　终端机示意图

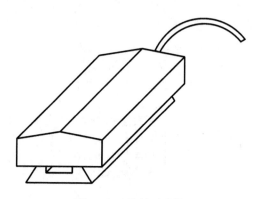

图 5-228　按键示意图

按键：如图 5-228 所示当员工完成所做工序后，拍一下按键，完成作业的吊架会自动送出，同时会在工作位收到下一个待做的吊架，使操作方便。

（3）主控制台

主控制台以网络形式连接到每一个工作站所配置的终端机（含组长终端机）上，并与 PC 机（含 ETON 软件）相连，以提供在线信息，实现即时的人机对话，生产中组长可以作出及时反应，根据需要更改生产路线，实时监控吊架运输情况和生产流水线的平衡，安排好生产计划。主控制台如图 5-229 所示。

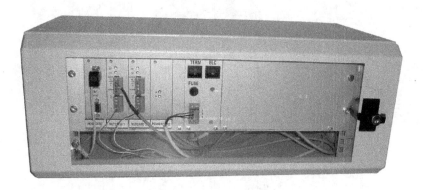

图 5-229　主控制台

三、服装智能吊挂传输系统的工作原理与操作步骤

服装智能吊挂系统属柔性传输系统，它将传统服装生产中的捆包式传输生产模式转变为单元生产吊挂传输模式。它是通过一个循环运输轨道把多个服装生产工作站连接起来，在各工序工位之间按工艺流程自动传递。其工作原理是：将物料（裁片等）依照制定的挂片方式夹持到吊架上（上架），在组长或员工输入相关指令后，在主控制台电脑控制下，吊架通过高架主轨和工作弯轨，经过条形码扫描器，将物料传递到指定的目的地工作站的工作位；

员工在做完本道工序后按一下按键，吊架就向前移动回到主轨道，再进入下一个目的地工作站；依次循环传送至所有加工工序完成（下架）。

使用操作步骤如下：

（1）开机

包括开空压机、主轨开关、电脑。

（2）打开 ETON SOFT II 进行软件设置

资料可以直接在生产程式中的行政运作菜单"管理员"中输入。其设置项目如图 5-230 所示。

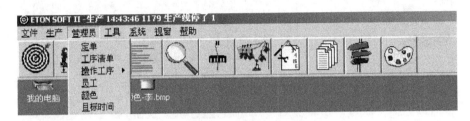

图 5-230　设置项目菜单

1）设置目标时间：打开目标时间表单，在它的编辑菜单中选择自动生成表单中可输入开始工作（即从早上几点开始生产）及结束工作（即最晚几点结束生产），第 1、2、3 次暂停起止时间，时间间隔一般为 15 分钟，它表示的是工作状况显示的更新时间，最后在文件菜单中点击输出就保存了目标时间的设置。如图 5-231 所示，系统便会根据起止时间及时间间隔自动产生每个时间点需要完成生产任务的完成百分比。

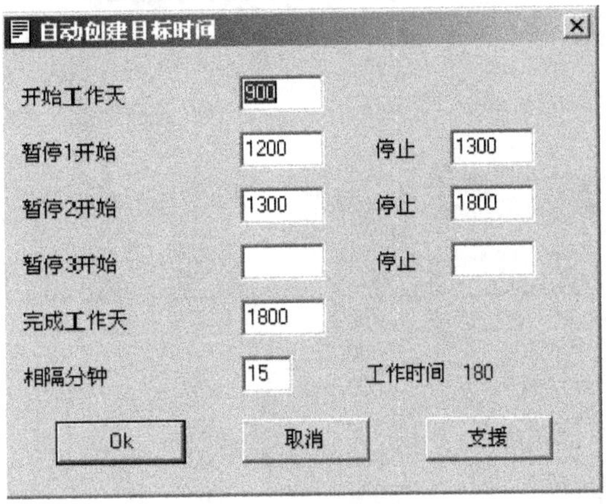

图 5-231　目标时间

2）设置颜色：在管理员菜单中打开颜色表单，可以编辑/插入几种颜色代码及名称。组长开启工作站工作时，在终端机上输入工号、订单号（注：电脑显示为"定单"）及颜色号后，该生产线就开始生产该订单的这个颜色的服装。设置时要注意"颜色"与工序清单中"分派模式"对应。"分派模式"的默认方式为 11，用于对不同尺码的分配。（另外，"分派模式"为 0，表示由员工自主选择下一个工作站操作，一般不建议使用；"分派模式"为 13，就按颜色分配衣片；"分派模式"为 19，表示平均分配到下一工序对应的几个工作站）。

3）设置员工：如图 5-232 所示，在员工表单中输入工号及员工姓名，包括组长工号和姓名。根据组长的人员分配,指定作业员工与工作站一一对应,每个员工必须在自己工作站的终端机上输入自己的工号,才能进入工作站操作。

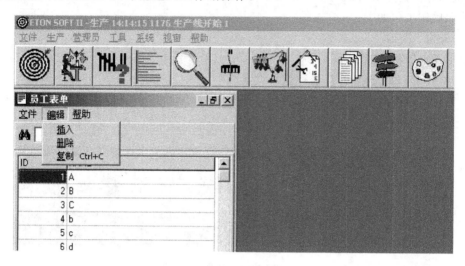

图 5-232　员工表单

4)设置操作工序—产品组:编辑/插入产品的名称、产品组号码以及每天的生产目标数量。

款式/工序清单表单

文件　编辑　帮助

Id	描述
11	sk
22	tr
33	ncs

款式、工序清单及路线图 20206 裙子（灰色）

文件　编辑　帮助

工号	工序	描述	工时SAM	派模式	作轨:1	作轨:2	作轨:3	作轨:4
1	11111	上架	0.200	11	1001			
2	11112	缝前片省道	0.400	11	1002			
3	11113	前后片包缝	1.000	11	1002			
4	11114	缝后片省道	0.400	11	1002			
5	11115	装拉链	5.000	11	1003			
6	11116	做后开衩	5.000	11	1004			
7	11117	拼合前后片	1.000	11	1005			
8	11118	缝合开衩底摆	1.000	11	1006			
9	11119	缝制里子	2.000	11	1007			
10	111110	绱里子	2.000	11	1007			
11	111111	做下摆	1.000	11	1007			
12	111112	质检	3.000	11	1008			
13	111113	做腰头	5.000	11	1009			
14	111114	绱腰头	5.000	11	1009			
15	111115	钉扣	2.000	11	1010			

图 5-233　工序清单和生产路线图

操作工序—工序:对应产品组选择工序号、工序名称以及是否在目标中使用。选择在目标中使用是为了在"工作站状况"中显示产品组的生产情况。

5)设置工序清单:打开工序清单,在编辑菜单中点击插入,新建一个工序清单,输入所需要生产的款号和款式名称,双击这个款号,在弹出的工序清单和路线表单中选择前面已设置好的工序代码,工序名称便自动生成,再输入每个工序对应所需的标准时间 S. A. M.(S. A. M. 的单位为分)和工作轨1、工作轨2、分派模式等。这样就确定了生产路线。如图5-233 所示。

6)设置订单:如图5-234 所示,打开订单表单,编辑/插入订单号、描述、选择在款式/工序清单中已设置好的款式并输入生产总产量。通过在组长终端机上输入这个订单号,系统硬件就可以按设置好的生产路线运行。

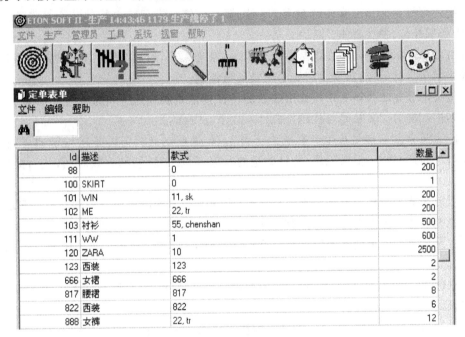

图5-234　订单表单

生产前还需在工具菜单中设置最大吊架存量和报表。具体操作是:

设置最大吊架存量:在工具菜单中的工作轨工具中编辑/清除轨道支数。

设置报表:打开报表选择表单,按照生产需要可以自行对员工汇总报表、日常员工细节报表、质量报表、生产汇总报表、单号报表以及疵点报表进行添加和删除。

(3)硬件操作

1)在组长终端机上设置组长:组长工号 F5,在员工表单的组长名前会显示一个＊号。

2)开启上架工作站:工号 F1——1・订单号 F6,还可以指定颜色,用指令3・颜色号 F6。

3)开启其他工作站:工号 F1,设置好吊架工作位。

通过以上设置,系统就可以开始生产运作了。

衣片在传输系统中的运行程序为:上架站上料→物料吊架编码→主传动系统运行→进料系统检码→工位进料→进料系统扫码→工位出料→主传动系统运行→……(依次循环)→下架站下料。

要关闭工作站,用指令 F1。

四、服装智能吊挂传输系统的功能与优越性

服装智能吊挂传输系统整个系统的运行由计算机控制,管理人员可以通过在计算机上设定参数来实现衣片按设置好的路线传送。

工作站是组成系统的基本单元,每个工作站至少有一个工作轨,操作员可通过按键将刚完成工作的吊架送出,并接受下一个吊架。每个吊架都有条形码,在运行的过程中它们的编号会通过条形码扫描器被电脑系统记录,系统将会根据条形码上衣服所载的生产资料,以及预先设置好的运行路线,将吊架传送到下一个工作站去。操作者可通过设置吊架在弹性链条中进出的链节数得到每个吊架进入工作站的最佳工作位置。

系统还可根据所加工服装的款号、尺码、颜色等信息应用多内轨的工作站设置运行路线,无需频繁换位、换线操作。

即时的生产状况会同步在电脑系统中反映,管理人员可以据此通过电脑进行操作或通过组长终端机进行操作,实现生产线平衡及品质控制。

与传统的捆扎式传输生产相比服装智能吊挂传输系统简化了许多非生产性动作,有效地提升了生产能力。其功能与优越性具体有以下几方面:

①ETON 服装智能吊挂生产系统由于员工取、送在制品只需要拍击按键即可,省去了取包、解包、对片、捆扎、记录工票、统计数量的时间,增加了缝纫的有效时间,从而提高了生产效率。

②服装智能吊挂传输系统由于单元生产,产品及工序的质量得以及时反映。ETON 智能吊挂系统的实时监控功能可提供及时的在线信息,质量统计可同时显示在生产状况和日报表中。质检员能够根据电脑统计对问题作出及时反应,避免相同的疵点屡屡发生,保证产品质量。同时也能激发员工的责任心。

③立体式运输加工,避免了因捆包、搬运以及成品、半成品落地、堆积等原因造成的皱折和污损,从而提高产品品质。

④根据当初设置好的目标显示时间,电脑系统会不断更新当前生产状况。每道工序的生产状况可得到实时监控,及时了解生产线上的信息,对生产线平衡出现的问题能及时解决。有效掌握生产速度(投入产出时间),能更合理地安排生产流水线工位,消除停工待料或待加工件积压的现象,使生产节拍得到可靠保证。

⑤服装智能吊挂传输系统变换品种无需变更设备位置,只需设置新款的运行路线便可投入生产,如果遇到插单、翻单追加生产等情况,可通过中央控制系统,暂停正在生产品种的衣片传输,立即投入新品种的控制程序指令,按新的传输路线传输衣片。对多品种小批量短周期生产,最能显示其优越性。

⑥形成良好的工作环境,符合人体工程学的需要,提供方便的人机对话条件,降低车缝人员和管理人员的工作疲劳度。

⑦建立企业集团良好的国际化形象及企业品牌形象,自然会获得客户的青睐,增加订单来源。

第六章　整烫设备及其运用

第一节　概　述

在服装制作过程中,整烫是利用温度、湿度、压力和时间这四个方面的因素,使面料改变结构形态,服装整体达到丰满、平服、挺括等理想效果的工艺过程。

整烫作业贯穿于服装制作的整个过程中,如烫开缝份、归拔烫以及服装零部件的定型烫等,缝制好的服装成品也必须经过后整理的专用整烫机的整烫。中间熨烫可以提高缝制品后道加工的效率和质量,后整理的成品整烫对服装的整体效果起着十分重要的作用。

一、整烫的基本过程

对面料完整的整烫定型过程应包括三个阶段:

第一个阶段是面料受到水蒸气(温度、湿度)的作用,使面料中的纤维膨胀,纤维分子间的活性增加;

第二个阶段是面料(或称衣片)受到压力的作用,迫使纤维伸直或弯曲、伸长或缩短,使纤维分子之间形成新的结构形态,使衣片获得造型;

第三个阶段是面料受到抽湿和冷却的作用,使纤维分子间的新结构形态得到固定,从而使衣片获得稳定的造型。

二、整烫的基本要素

温度、湿度、压力和时间是服装整烫定型的四个基本要素。

温度的选择应根据面料的材质决定,各种面料只有当所受温度达到其纤维本身的可塑温度时,才有利于改变其形态;各种面料纤维的可塑温度是各不相同的,通常从化学纤维、合成纤维、丝、羊毛、棉到麻纤维,其可塑温度是逐渐提升的;当温度过低时,会出现定不了型或较长时间才能定型的情况;当温度过高时,会对纤维及面料造成损伤,出现表面泛黄甚至焦糊的现象。

湿度的选择即水蒸气用量的控制,以渗满所烫部位的面料纤维为宜;蒸汽用量过少,会出现雷同与温度过低时定不了型或较长时间才能定型的情况;蒸汽用量过多,将不利于整烫定型过程第三个阶段的顺利进行,会出现定型很慢或难以定型的情况。

压力的选择以能达到定型效果为宜,大多数面料纤维有明显的应力屈服点,压力过小则达不到应力屈服点难以塑形,压力过大则面料表面将会出现严重的极光现象,应尽量避免。

在整烫时,织物的变形过程要有一定的时间延续。时间过短达不到整烫效果,时间过长会出现表面泛黄甚至焦煳的现象,它的选择与以上三个因素有直接的关系,在一定的范围内可互补调节。如温度高时间就可短些;反之长些,但生产效率会低。

三、整烫作业方式与设备的种类

在现实生产中,根据加工工艺的需要,整烫作业有熨制、压制、蒸制三种方式,熨制为手工熨制压烫,压制为成型模机械压烫,蒸制为成型模蒸汽熨烫。按其作业方式设备可分成熨制设备、压制设备和蒸制设备。

第二节　熨制设备

熨制是直接使用熨斗在面料表面上来回移动并施加一定压力的熨烫方法。常见的熨制设备有各类熨斗、吸风烫台和各类蒸汽发生器等。

一、熨斗

(一)普通电熨斗

普通电熨斗主要是依靠电热丝把电能转化为热能来提供熨烫所需的温度。早期的规格种类较多,按耗电功率大小有 200W,500W,700W,1000W 等,每一规格的熨斗的温度是不同的,也是恒定不可调节的,因此一般要根据不同面料纤维所需的可塑温度或工艺要求来选择适当功率的电熨斗。由于其不带有水箱或滴水装置,因此在运用这类电熨斗时常常需要在面料表面垫湿巾或喷水。这类普通电熨斗是比较早期面市的产品,随着社会生产的发展和产品的更新,现在几乎已经见不到它在服装工业生产制作中的运用。

如今普通电熨斗正朝着设计新颖、安全、轻便和低能耗的方向发展。如图 6-1 所示的普通电熨斗又被称作迷你小熨斗,适用电压为 220V 和 110V,底板最高温度为 200℃,待机耗电为 35W,使用时耗电为 100W,具有体积小、电源与熨斗主体可分离、携带方便、低能耗等特点,比较适合于在家庭及外出旅行时使用。

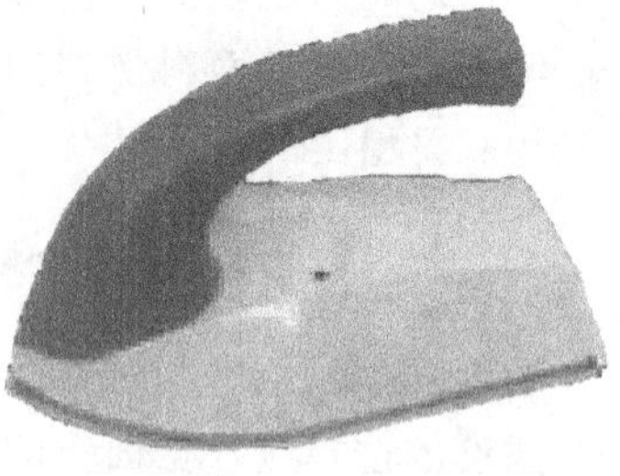

图 6-1　普通电熨斗

(二)调温电熨斗

调温电熨斗是在普通电熨斗上装有温度调节器的电熨斗,它的温度通常可以在 60℃～250℃ 范围内自由调节。这类熨斗的温度调节器(或称调温旋钮)通常标有尼龙、合成纤维、丝、羊毛、棉、麻等刻度,不同的刻度对应不同的温度,在运用中可以方便地根据所熨烫的面料纤维来选择相应的温度。由于采用自动调温器,在接通电源设定温度后指示灯即亮,当熨斗底板温度达到设定温度时指示灯熄灭,这时就可以开始熨烫作业了。同时,它和普通电熨斗一样不带有水箱或滴水装置,在运用中也需采用辅助手段对面料表面喷水给湿。正是由于这种不方便,这类电熨斗在服装工业生产制作中的运用也已经很少看到。

当调温电熨斗结束作业时,应先将温度调节器调至最低(关闭)位置,然后再切断熨斗电源,否则很容易损坏电熨斗内部的自动调温器,导致调温作用失灵,更严重的甚至会导致熨斗不会发热(电路断路)。

如今调温电熨斗也朝着设计新颖、安全、轻便和低能耗的方向发展。如图 6-2 所示为新款调温电熨斗,其底板温度在 0℃～150℃ 之间连续可调,电源与熨斗主体采用分离式设计,适用电压 220V/110V,待机功率为 35W,使用时功率为 100W 等。适合于在家庭及外出旅行时使用。

温度调节器

图 6-2　调温电熨斗

(三)蒸汽电熨斗

蒸汽电熨斗是在普通电熨斗的基础上不仅装有温度调节器,还装有喷汽给湿装置的电熨斗。这类电熨斗在运用时不仅可根据不同的面料纤维和工艺要求调节所需温度,还可在熨烫中直接向所熨织物喷水或水蒸汽,因此使用起来比较方便。蒸汽电熨斗目前广泛地应用在家庭中和服装工业生产的中间烫(或称小烫)诸环节中。

当蒸汽电熨斗结束作业时,也应和调温电熨斗一样操作,即先将温度调节器调至最低(关闭),然后再切断电源。

根据给湿方式的不同,目前常见的蒸汽电熨斗可分为两种类型:水箱式蒸汽电熨斗和滴水式蒸汽电熨斗。

1.水箱式蒸汽电熨斗

水箱式蒸汽电熨斗如今正朝着设计智能化、操作安全方便、能耗降低的方向发展。如图 6-3 所示为新款无绳蒸汽电熨斗,其由插头直接插入插座通电加热。其功能特点主要体现如下:无绳设计使得熨烫不受电线的束缚;垂直四倍蒸汽使得不需要熨衣板也可熨衣,随意方便;自动断水装置当底板温度低于 100℃～110℃ 时,温控阀门自动关闭,杜绝水痕迹现象;自动断电装置当熨斗在静止状态下平放了 1 分钟或竖放了 10 分钟时,熨斗自动断电,可避免烫焦现象,既安全又省电;钛合金底板提高了滑动性,使得更加耐磨、顺滑等。

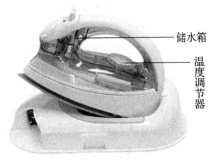

储水箱

温度调节器

图 6-3　无绳蒸汽电熨斗

该水箱式蒸汽电熨斗的使用过程包括准备、熨烫、结束三个阶段。准备阶段依次为:储水箱灌水后接通电源,将温度调节器调至所需温度位置,升温完毕后指示灯会熄灭。熨烫阶段依次为:按下喷汽开关,即有水蒸气从熨斗底板的喷汽孔喷出,用熨斗底板往复熨烫;在熨烫间歇应将熨斗直立起来,使底板加热面架空。结束阶段依次为,关闭温度调节器,关闭电源。

类似图 6-3 的水箱式蒸汽电熨斗非常适合于家庭中的衣物整烫等。

2.滴水式蒸汽电熨斗

如图 6-4 所示为滴水式蒸汽电熨斗(又称吊瓶式蒸汽电熨斗)。相对于图 6-3 所示的水箱式蒸汽电熨斗而言,它在使用中有两个特点:一是吊瓶宜放在相对于熨斗较高的位置,由于储水量较大,适于较长时间的连续作业;二是喷蒸汽过程由按下电磁阀来完成,而且由于使用吊瓶的缘故,喷汽的量和压力可以相对较大。

类似图 6-4 的滴水式蒸汽电熨斗非常适合于服装工业生产的中间烫(俗称小烫)环节。

(四)全蒸汽熨斗

全蒸汽熨斗是针对成批量整烫作业所采用的由外接设备提供水蒸气的熨斗。外接的水蒸气来源可以是一些大型的锅炉,如宾馆饭店或大型企事业单位的供热设备等,但更正规、更多的是采用服装专用设备的各种蒸气发生器。由于外接专用

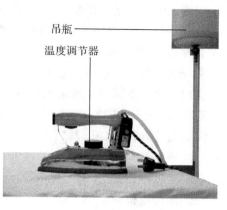

吊瓶
温度调节器

图 6-4 吊瓶式蒸汽电熨斗

设备提供的水蒸气通常都能保证量足且有一定的压力,因此十分有利于提高工作效率。全蒸汽熨斗目前被广泛地运用与服装工业生产和服装洗烫等相关行业的成品整烫中。

全蒸汽熨斗在每次作业开始的时候,要先打开接到熨斗的蒸汽阀门,再打开熨斗上的蒸汽开关,由于开始时的水蒸气遇到管壁和熨斗会冷凝,因此要把开始阶段放出来的水和蒸汽的混合物排完,然后才可以正常作业。当作业结束时,要把接到熨斗的总蒸汽阀门关闭。

根据熨烫功能的不同要求,目前服装工业生产中广泛应用的全蒸汽熨斗基本上可分为两类,即普通全蒸汽熨斗和电热全蒸汽熨斗。

普通全蒸汽熨斗如图 6-5 所示,该普通全蒸汽熨斗的使用过程也包括准备、熨烫、结束三个阶段。准备阶段依次为:打开进汽阀门,拿起熨斗打开熨斗上的蒸汽开关,将进气管和熨斗中的冷凝水和水汽混合物排完(需要在旁边准备好排放废水的容器或相关设施)。熨烫阶段即一边打开熨斗上的蒸汽开关,一边用熨斗底板往复压烫。结束阶段依次为,关闭进汽管道上的进汽阀门,打开熨斗上的蒸汽开关,将熨斗中剩余的蒸汽和水汽混合物排完。在使用的整个过程间歇也会产生水和水汽混合物,照样应该拿起熨斗,打开熨斗上的蒸汽开关将它排放掉后继续熨烫。

图 6-5 普通全蒸汽熨斗

类似图 6-5 所示的普通全蒸汽熨斗非常适合于批量整烫对熨烫温度要求不高的服装,如尼龙、合成纤维、丝绸、涤棉等材料的服装,有利于提高熨烫速度。

如图 6-6 所示的电热全蒸汽熨斗使用过程也包括准备、熨烫、结束三个阶段。准备阶段依次为:接通电源,打开电源开关,将调温旋钮调至所需温度位置;升温完毕指示灯熄灭后,(从蒸汽发生器的供汽阀门)接通蒸汽,拿起熨斗打开熨斗上的蒸汽开关,将进气管和熨斗中的冷凝水和水汽混合物排完(需要在旁边准备好排放废水的容器

图 6-6 电热全蒸汽熨斗

或相关设施)。熨烫阶段的操作与普通全蒸汽熨斗雷同。结束阶段依次为:关闭调温旋钮,关闭电源开关;(从进汽管道上的进汽阀门)关闭蒸汽,打开熨斗上的蒸汽开关,等放完进气管和熨斗中剩余的蒸汽和水汽混合物后关闭。

类似图 6-6 所示的电热全蒸汽熨斗不仅有外接蒸汽,还有可调温的自身加热装置,因此提高了熨烫温度和适用范围。尤其适合批量整烫对熨烫温度要求较高的服装,如由毛纤维、麻纤维等材料制成的高档服装。

二、烫台

(一)普通烫台

普通烫台的台面主要由工作台板、毡垫和表面台布组成。工作台板要高度适宜(一般为75~80cm)、表面平整。毡垫起到缓冲平衡熨斗压力的作用,因此要有一定的厚度和柔韧性,通常是旧毛毯、海绵等,也易于散发热气。表面台布要求牢固、清洁、不沾色,因此常用素色平布。

普通烫台曾经在服装工业生产中间烫(俗称小烫)环节中被广泛应用,由于布置较为方便,也可在家庭熨烫中采用。

(二)吸风烫台

如图 6-7 所示的吸风烫台主要由电源开关、吸风装置、台面、烫模以及风道开关组成。其使用过程依次为:打开电源开关,吸风装置里面的交流电机开始工作;将服装或衣片在台面或烫模上放好后,启动风道开关,风门关闭,电机开始向台面或烫模表面吸风。台面和烫模的结构从里向外依次由金属支撑网、透气软垫(如海绵)和透气性佳的平布组成,因此台面和烫模表面会有较好的吸风作用,从而使熨烫过的衣料迅速受到抽湿和冷却的作用,使熨烫效果得以稳定保

图 6-7　普通吸风烫台

持。有些台面还有电热恒温控制温度的设计,使台面保持干燥,有利于抽湿效果。

服装工业生产中吸风烫台在广泛应用于批量成衣整烫的同时,还被应用于辅料和零部件的中间烫(俗称小烫)。根据整烫目的、要求和对象的不同,吸风烫台的台面和烫模可以有多种形式的组合。例如:

(1)裙式烫台(见图 6-8):适用于各种时装、裙类服装和各种辅料的熨烫;台面内采用电热(约700W)恒温控制温度。台面下配有升降衣架,便于操作存放衣料。

(2)开缝烫床(见图 6-9):适用于开裤骨,开侧缝、肩缝等;台面当作衣架使用,便于操作存放衣料。

图 6-8　裙式烫台

图 6-9　开缝烫床

图 6-10　小型中间熨烫烫台

（3）小型中间熨烫烫台（见图 6-10）：工作台面较矮、较小，操作者可以坐着或站着操作，适用于生产制作中的小烫及各种辅料熨烫；采用上排风口的设计，使吸出来的潮气向上排出在空气中汽化，不湿地面，不影响其他操作者，有利于烫台和其他车位组合成生产线。

目前，已有许多针对不同熨烫要求的吸风烫台。随着生产技术水平的不断发展，还会有更多有利于提高服装品质、有利于实现人性化操作的新型烫台出现。

三、蒸汽发生器

如图 6-11 和 6-12 所示分别为常见的全自动电热蒸汽发生器的正面和背面，其内部主要部件包括储水箱、水泵、炉体、电加热管、水位监测装置和压力监测装置等。其使用开始阶段依次为：打开进水阀，关闭供汽阀，关闭排水阀；启动电源开关，进水指示灯亮，同时听到水泵开始工作的声音，将水从储水箱泵到炉体内，水位表的水位逐渐上升，当炉体内水位加满时水泵自动停止工作，加水指示灯熄灭；电加热指示灯亮，随着时间的推移，压力表显示炉体内的蒸汽压力逐渐上升；当压力达到设定最高值（通常是 0.3～0.4MPa）时，电源开关自动关闭，电加热指示灯熄灭，表示可以打开供汽阀供汽了。

在使用过程中，电加热开关和水泵会分别随着炉体内蒸汽压力和水位的变化实现自动控制。当蒸汽压力达到设定最高值时，电加热关闭；当蒸汽压力低于设定最低值时，电加热又开始工作；万一出现意外情况，当蒸汽压力超过设定最高值时如电加热仍继续工作，压力安全阀将启动，可以起到安全保险作用。当炉体水位加满时，水泵停止工作；当炉体水位低于警戒水位时，水泵又开始向炉体内泵水；万一此时不能向炉体内泵水，则会有刺耳警示音发出提示，以免干烧，这时应立即关闭电源停止加热，检查进水阀、储水箱和水泵的状态是否正常。

使用结束时，关闭电源开关，关闭进水阀；等压力表显示炉体内压力释放为零时，打开排水阀，将剩余的水和水垢排除。

根据加热所采用的能源的不同，一般可分为电热蒸汽发生器、燃气蒸汽发生器和燃油蒸汽发生器等。

蒸汽发生器属于危险性的专用设备，为了能确保安全生产作业，要严格按照相关操作规程进行操作，并由专人按相关规定定期进行检查和维护。

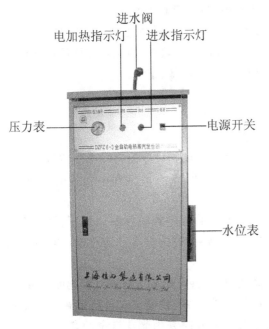

进水阀
电加热指示灯　进水指示灯

安全阀

压力表

电源开关

DZFZ6-3全自动电热蒸汽发生器

水位表

供汽阀

排水阀

上海桂心制造有限公司

图 6-11　全自动电热蒸汽发生器（正面）

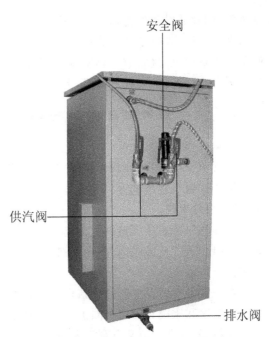

图 6-12　全自动电热蒸汽发生器（背面）

第三节　压制设备

　　压制是采用机械的方法，通过各种整烫用的模具（以下简称烫模）对衣片施加压力，结合
温度、湿度和抽湿冷却等要素，使衣片获
得稳定造型的熨烫方法。压制设备通常
是在西装、西裤、衬衫、女装等大批量服
装生产过程中配备的专用设备，一方面
对于提高服装品质效果十分明显，另一
方面其设备的投资和运行成本都较高，
适合大、中型高品质服装企业采用。

一、蒸汽整烫机的主要机构
组成与工作原理

　　压制设备通常又被称为蒸汽整
烫机。

　　如图 6-13 所示的蒸汽整烫机主要由
工作支架、上下烫模、供汽装置、加热装
置、真空泵吸吹气装置和电脑程序控制
装置等几个部分组成。由于自身不能发

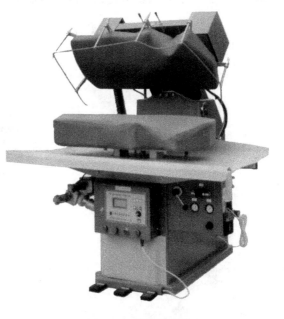

图 6-13　蒸汽整烫机

生蒸汽,因此通常要配备相应的蒸汽发生器(或蒸汽锅炉)和管道装置。

在使用时,先要准备好蒸汽,将烫模预热,启动真空泵;再将被加工的衣片整理好形状,吸附于下烫模上;接着上下合模,喷放高温高压蒸汽,继而进行热压,使衣片按照烫模的形状发生形变;然后真空泵吸风抽湿,上下模开启,使衣片干燥、冷却、定型。

二、蒸汽整烫机的种类与运用

1.蒸汽整烫机的种类

通常依据控制方式的不同可分为机械式蒸汽整烫机和电脑程序控制蒸汽整烫机。

机械式蒸汽整烫机为手动操作,多为汽动式结构,此外,还有液压和电动式的,结构简单,维护修理方便。

电脑程序控制蒸汽整烫机在机械式结构中融合了电脑程序自动控制装置,可设定不同的动作组合及工艺参数,以满足不同工艺要求的需要。整个熨烫程序自动完成,操作简便,工作安全可靠。

在一些新近开发生产的电脑程序控制蒸汽整烫机中,甚至融入了更多人性化的设置,如装卸料工序和压烫工序在不同工位上同时完成的转盘式设置,使操作人员可坐在固定工位上装卸料,既安全省力又有利于提高生产效率;又如装衣片时采用光点定位的装置,也使操作既简单又准确。

2.蒸汽整烫机的运用

依据整烫机不同的烫模组合可以获得不同的整烫造型,可分为西服系列的、裤子系列的、衬衫系列的、女装系列的蒸汽整烫机等。分别以衬衫烫机系列和西服烫机系列为例,机型组合如下。

(1)衬衫烫机系列烫机主要有如图6-14所示的领角(袖口)定型机;切领、翻领、压领定型机;领圈定型机;袖领压烫机;肩缝压烫机;袖下缝、侧缝压烫机等。

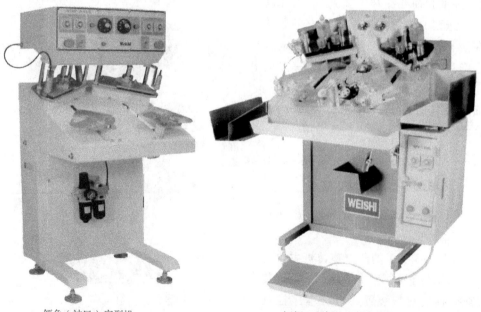

领角(袖口)定型机　　　　　　　　　切领、翻领、压领定型机

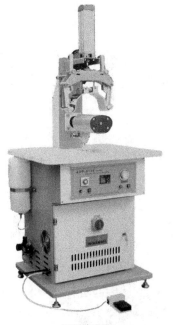

领圈定型机

袖领压烫机

肩缝压烫机

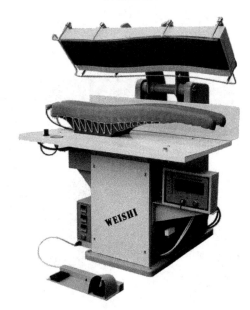

袖下缝、侧缝压烫机

图 6-14 衬衫烫机系列

（2）西服烫机系列烫机通常有中间蒸汽整烫机和成品蒸汽整烫机两大类。由于西服成衣工艺的复杂性，因此必须根据不同的工艺要求来选定不同的蒸汽整烫机机型和烫模组合。

中间蒸汽整烫机主要针对缝制工艺过程中的局部部件的整烫。以 JUKI 西服烫机系列为例，其中间蒸汽整烫机主要有：如图 6-15 所示的附衬机、如图 6-16 所示的省缝机、如图 6-17 所示的分侧缝机、如图 6-18 所示的贴边机、如图 6-19 所示的袋盖定型机、如图 6-20 所示的收袋机、如图 6-21 所示的双肩分肩缝机、如图 6-22 所示的收袖缝机、如图 6-23 所示的分统袖缝机等。

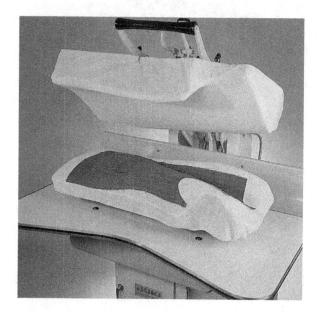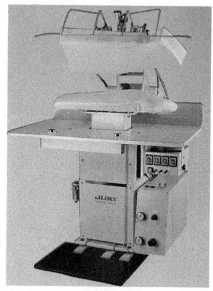

图 6-15　附衬机

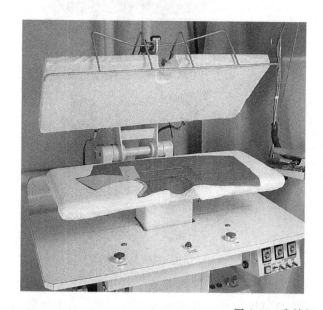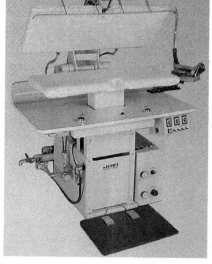

图 6-16　省缝机

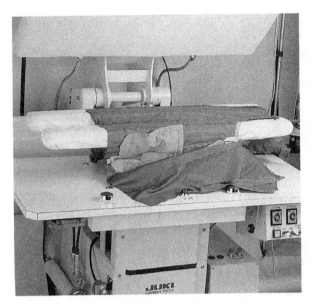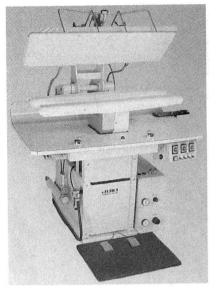

图 6-17 分侧缝机

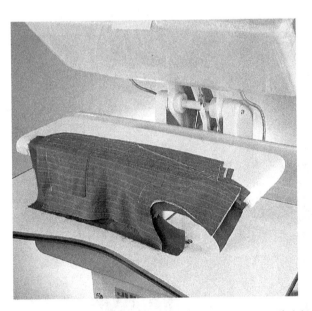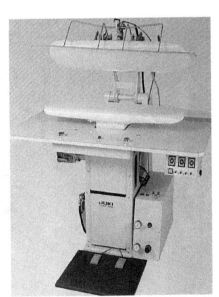

图 6-18 贴边机

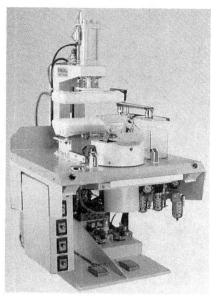

图 6-19　袋盖定型机

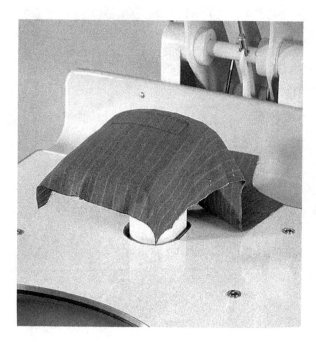

图 6-20　收袋机

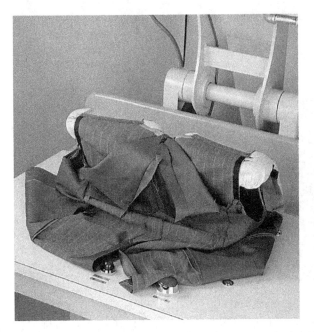
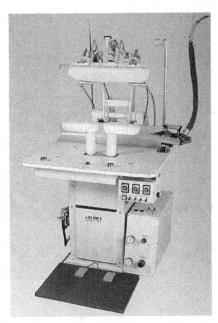

图 6-21　双肩分肩缝机

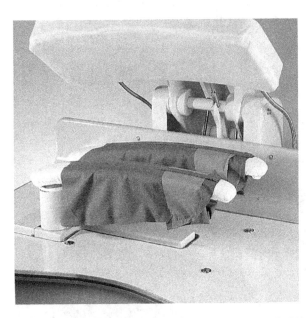
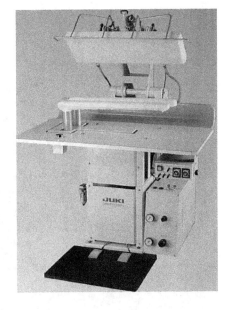

图 6-22　收袖缝机

图 6-23　分统袖缝机

成品蒸汽整烫机主要针对成衣整体各部位的整烫。以 JUKI 西服烫机系列为例,其成品蒸汽整烫机主要有:如图 6-24 所示的胖肚机、如图 6-25 所示的瘪肚机、如图 6-26 所示的双肩机、如图 6-27 所示的里襟机、如图 6-28 所示的侧缝机、如图 6-29 所示的后背机、如图 6-30 所示的后背侧缝机、如图 6-31 所示的驳头机、如图 6-32 所示的翻领机、如图 6-33 所示的领头机、如图 6-34 所示的领子机、如图 6-35 所示的袖笼机、如图 6-36 所示的袖山机等。

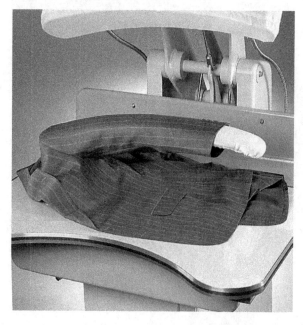

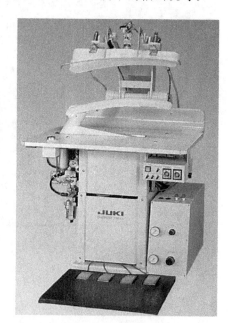

图 6-24　胖肚机

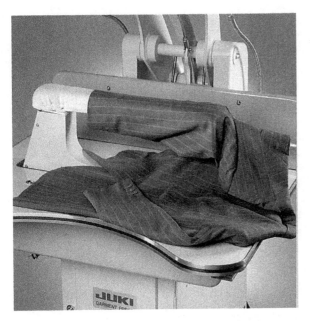
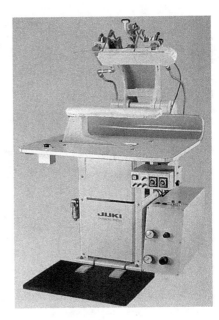

图 6-25　瘪肚机

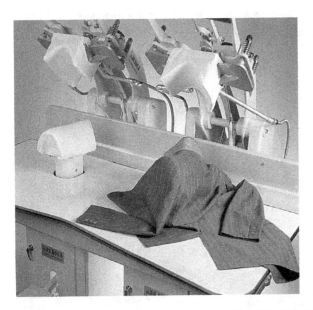

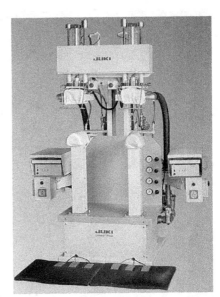

图 6-26　双肩机

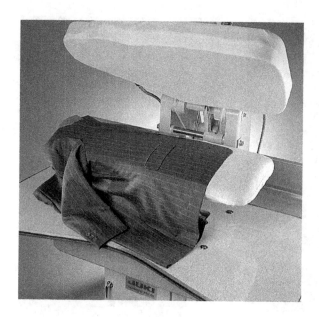

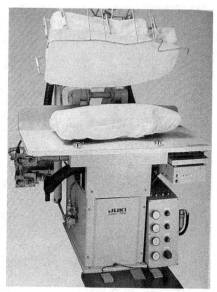

图 6-27　里襟机

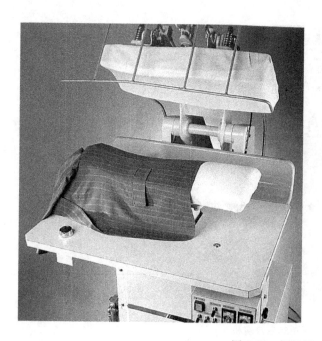

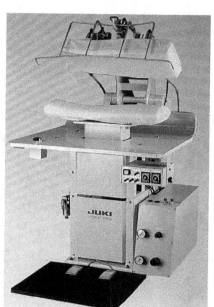

图 6-28　侧缝机

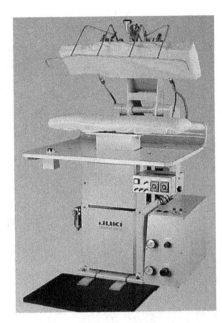

图 6-29　后背机

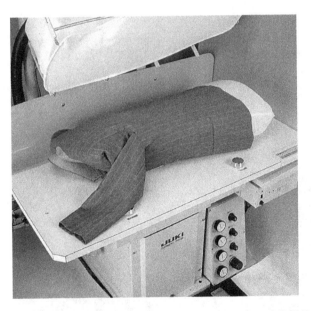

图 6-30　后背侧缝机

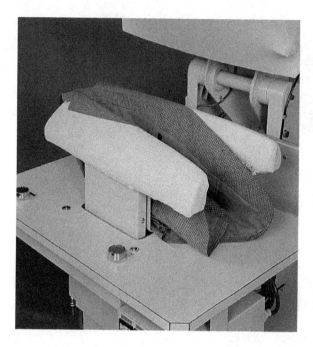
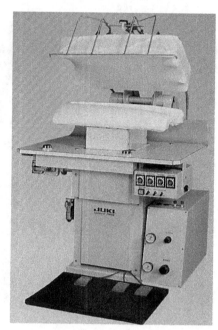

图 6-31　驳头机

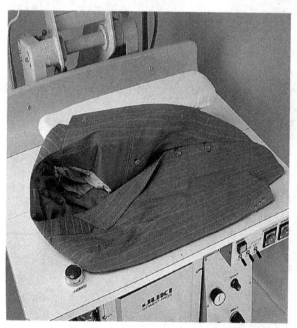

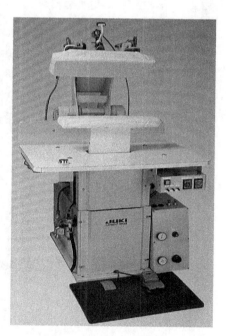

图 6-32　翻领机

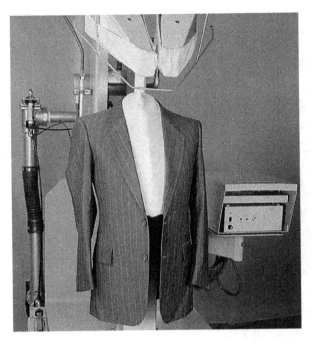
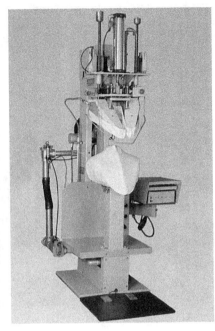

图 6-33　领头机

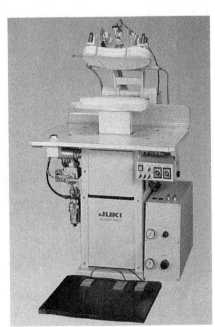

图 6-34　领子机

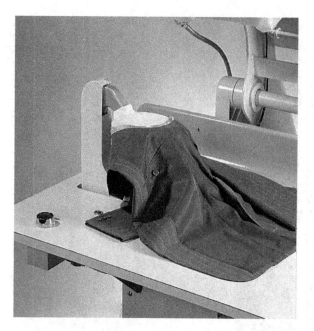
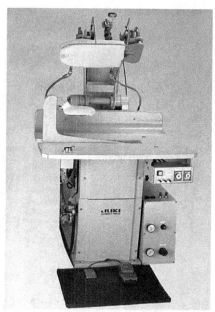

图 6-35　袖笼机

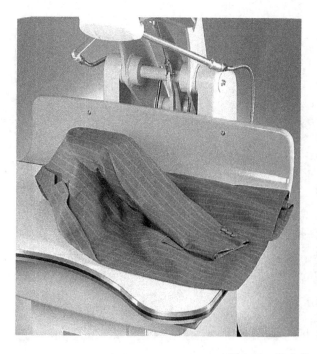

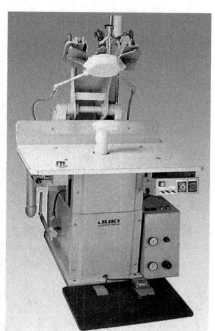

图 6-36　袖山机

第四节　蒸制设备

　　蒸制熨烫是将成品衣服自然放置在相应的人体模型上，通过温度、湿度和抽湿冷却的作用，使衣服获得平整、造型自然的熨烫方法。蒸制设备由于不直接对面料表面施加接触压力，十分有利于保护服装表面形态，因此尤其适合于高档呢绒服装、长毛绒服装、羊毛针织服装及表面有倒顺毛要求的服装，对于保持服装的平整、丰满、自然和立体感效果十分明显。蒸制设备作为大批量服装生产过程中配备的专用设备，和压制设备有相似之处，即一方面它对于提高服装品质效果十分明显，另一方面其设备的投资配套和运行成本都较高，适合大、中型高品质服装企业采用。

图 6-37　自动人像整烫机

　　蒸制设备通常也被称为立体整烫机（或人像整烫机）。

　　如图 6-37 所示为自动人像整烫机，能熨烫各种毛料、丝绸、合成纤维、羊毛、呢绒等制作的多种款式的上衣、风衣；可自由调节的人形模，使它能熨烫从儿童到成年人任何尺寸、任何规格的外衣；且该机有定时控制系统，可保证蒸汽、热风、冷风联合自动操作，动作精确、迅速，整烫效果比较理想。

第七章　成品整理、检验与包装设备及其运用

第一节　成品整理设备

一、概述

在服装工业生产过程中,对产品质量的检测主要包括技术规格检测和外观质量检测两个方面。若产品有关的技术规格不符合要求,则需由裁剪或缝制部门进行修整或返工;若产品的外观质量不符合要求,则通常要利用各种成品整理设备进行修整和弥补,以便整件服装的外观保持整洁和美观,符合相应的质量标准。在整个生产加工过程中,往往会因为机械、运输、加工等方面的原因,使服装成品出现诸如油污、脏污和线头、灰尘污染等病疵,若这类病疵的程度不十分严重的话,则完全可以通过相应的专用整理设备将其清除,避免和减少等外品或次品的数量。服装成品整理设备的恰当运用,可以起到挽回或减少损失的作用,有助于生产企业实现利润最大化。

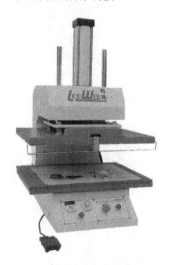

图 7-1　自动烫画机

图 7-2　高速工业剪毛机

近几年还出现了一些可改善产品外观的后整理加工设备。如图 7-1 所示的自动烫画机可以在服装特定部位烫印各种预先编制好的图案；如图 7-2 所示的高速工业剪毛机具有自动吸风功能，利用其特制的剪线刀可用于各种皮草、皮革、羊毛、毛毯、地毯等材质的图案雕刻及植毛等。这些后整理设备的恰当运用，既提高了产品的工艺观赏性，又增加了产品附加值，同样有助于生产企业实现利润最大化。

二、成品整理设备及其运用

服装成品整理设备按其功能分类大致有除污、除屑（线毛等杂质）、剪线三大类。常见的除污设备有除污喷枪、除污清洁抽湿台、组合除污机（桥型、双臂、单臂）和灵巧型除污机（圆筒型、平板型）等；常见的除屑设备有吸线头机、刷毛机等；常见的剪线设备有高速剪线机（台式、手提式）、超高速拆绣花机等。

（一）除污设备

（1）除污喷枪如图 7-3 所示。使用时先将准备好的液态去污剂注入喷枪的壶中，拧紧上盖，手持喷枪距服装一定的距离，朝污渍处按下开关，壶内的去污剂便以一定的压力呈雾状喷射到污渍处。

（2）除污清洁抽湿台如图 7-4 所示。其工作原理及功能类似与整烫设备中的吸风烫台，能在工作台表面产生吸附效应并将湿气抽走。

图 7-3　除污喷枪

图 7-4　除污清洁抽湿台

使用时先将服装的污渍表面平放在抽湿台面上（注意在下面加放清洁的垫布），然后开启电源开关，抽湿台开始工作；当喷枪将去污剂喷射到污渍表面进行除污的同时，水分被抽走，污垢被吸附到垫布上。

清洁除污工作中，首先要根据服装面料及污渍的类别，选择合适的去污剂。既要考虑采用无毒、无害、无污染的药剂，又不能破坏面料的成分和色泽。

其次，在进行清洁除污工作前，要先用试样做试验。一方面要确认所用药剂无碍；另一方面要了解去污剂的喷射量是否控制适当，是否有边缘痕迹出现，是否需要喷水以使痕迹淡化等情况。

此外，为了确保每次除污工作的效果良好，要经常保持抽湿台表面清洁；垫布的选择要防止褪色到面料上,并也要经常保持干净、干燥。

(3)组合型除污机如图 7-5,7-6 和 7-7 所示,分别为桥型、双臂、单臂除污机。近阶段,随着全社会对服装品质的要求越来越高,一些服装机械厂商纷纷推出了组合型除污机。

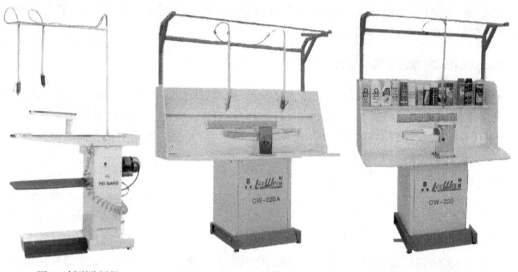

图7-5 桥型除污机　　　　　图7-6 双臂除污机　　　　　图7-7 单臂除污机

图 7-5 和 7-6 的组合型除污机都配备了两把喷枪,一把喷去污剂,另一把喷热风和蒸汽(称为蒸汽热风枪)。操作时用一把在污渍处喷射了去污剂后,再用另一把喷蒸汽和热风,同时在抽湿台的作用下,更有助于污渍的清除和防止留有痕迹,有利于服装污渍处的还原。

(4)灵巧型除污机如图 7-8 和 7-9 所示,分别为圆筒、平板除污机。它们的主要特点是相对比较小巧轻便,能主动适应不同服装部位的除污操作要求等。

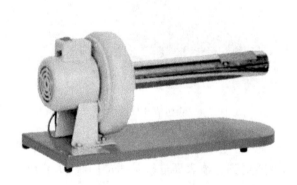

图 7-8　圆筒除污机　　　　　　　　　图 7-9　平板除污机

除污机的恰当运用能有效地改善除污效果和提高工作效率。

(二)除屑(线毛等杂质)设备

(1)吸线头机如图 7-10 所示,采用了类似于吸尘器的原理,将粘在面料上的线头、灰尘等杂质吸掉。

(2)自动刷毛机如图 7-11 所示,采用吸尘式工作台,通过安装上的机械毛刷辊的高速运转,来清除粘在服装及服饰上的各种残留物。

图 7-10 吸线头机

图 7-11 自动刷毛机

操作时,只要将服装各表面在机器工作台面上依次吸附即可,既降低了劳动强度和生产成本,又使产品品质有了更好的保障。

（三）剪线设备

（1）台式高速剪线机如图 7-12 所示,具有自动吸风剪线功能,主要用于针织服装（童装、内衣、T 恤）、梭织服装（衬衫、西裤、牛仔）等,对线头特别多的衣服效果尤佳。其主要特点有:

①所留线头一致,基本保持在 1～2mm,不会残留浮线,不会剪破衣服,且不会剪断包缝

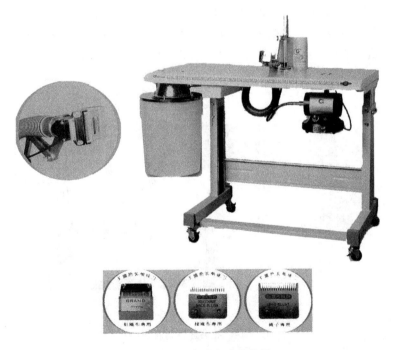

图 7-12 台式高速剪线机

线和绷缝线等。

②剪线和吸线工艺合为一体,确保成衣及工作环境清洁。

③自磨式刀片能使刀片长时间保持锋利,达到最佳剪线效果。

通过调节吸气量刻度及更换刀片,可适用于不同的面料。在使用中要注意保护好刀片,要定期给刀片上油。

(2)手提式高速剪线机如图 7-13 所示,其使用原理、功能特点与图 7-12 的台式高速剪线机基本类似,但移动和操作更灵活、便捷。主要适用于绣花面料、挂式衣服、床上用品等的剪线。

图 7-13　手提式高速剪线机

(3)超高速拆绣花机如图 7-14 所示,其使用原理和特点与图 7-12 的台式高速剪线机基本类似;但它采用拆绣花专用剪线刀,且电机功率更大,运转速度更高;剪线效果更稳定一致,效率倍增。适用于拆除各种绣花图案,如绣花布、帽子、绣花衣物上的图案等。

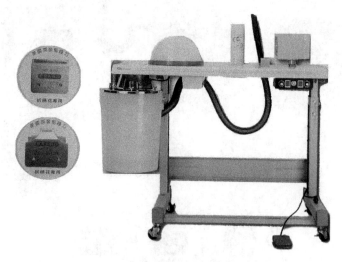

图 7-14　超高速拆绣花机

第二节 成品检验设备

一、概述

服装成品检验是生产企业为确认产品是否符合相应标准，以便顺利出厂所做的相关检查。检验项目通常包括技术要求、外观质量、安全性能等方面内容（有时还应根据客户的具体要求来安排相应的检验项目）。成品检验工作与产品质量密切相关，产品质量又直接关系到一家企业的形象、信誉甚至生命，因此，成品检验在服装工业生产中有着十分重要的意义。

随着服装产业的不断发展进步，一些设备厂商纷纷推出了功能各异的服装成品检验设备。成品检验设备的恰当选用，不仅可以提高检验工作的科学可靠性，而且更有利于提高工作效率。

二、成品检验设备及其运用

常见的成品检验设备可基本分为安全性能方面、外观质量方面两大类。安全性能方面的检验设备有手持式、桌面式、自动输送式检针机；外观质量方面的检验设备有分色箱等。

（一）检针机

为确保成衣产品中没有断针等容易对人体造成危害的杂物，只靠人工检测是不全面的。检针机又称为金属探测机，其基本工作原理是通过磁感应或电感应的探测方式，检测出被探测物中是否有断针、铁屑之类的铁磁性杂物。

（1）手持式检针机如图7-15所示，主要用于小范围的正确检测和确定铁磁性物质的位置，具有体积小、重量轻、便于携带的优点；同时具有高精密度的结构设计，感应度有高、低二段可选择。由于探测面有限，单件检测会比较耗时，所以此类检针机大多适用于抽查检测。

操作时，将手提检针机的探测面紧贴着衣物，当有断针被探测到时，指示灯及蜂鸣器会有提示；其感应的敏感度跟探测面与断针的距离有关，若距离太远，则探测失效。由于手持式检针机使用干电池，其感应的敏感度会因电池电量的减少而降低，因此要经常注意及时更换电池。

图7-15 手持式检针机　　　　　图7-16 （普通型）桌面式检针机

（2）桌面式检针机，如图 7-16 所示为普通型、如图 7-17 所示为超宽型，主要用于中等范围的正确检测和确定铁磁性物质的位置；具有多级或无级变化可调式感应度设置。探测面有大有小，普通型的一般为 160mm×500mm，适宜于检测小件服装、皮革、丝袜等；超宽型的为 2020mm×100mm（采用分体式结构），适宜于检测羽绒被服、床上用品、布匹等大件物品。桌面式检针机的价格适中，适合于使用频率不高的加工企业。

操作时，一般是将机器放平稳后不动，将衣物紧贴探测面移动。为了确保检测的准确性，通常要将衣物的两面都分别紧贴探测面推过或来回移动过才可靠。

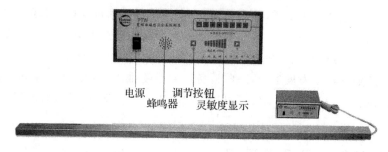

图 7-17　（超宽型）桌面式检针机

（3）自动输送式检针机如图 7-18 所示，主要用于较大范围的正确检测和确定铁磁性物质的位置；通常具有双层的多组独立感应探头，且有出色的抗干扰性能；电脑控制感应，具有很高的调节精度和敏感度，同时对被检测物（合格品）自动计数。自动输送式检针机的价格相对于以上两种较昂贵，适用于大批量服装产品的检测。

图 7-18　自动输送式检针机

操作时，只需把衣物放在输送带上，衣物被带到检测隧道中，当检测到铁磁性物质时，蜂鸣器和指示灯同时报警，输送带停止并返回。

（二）分色箱

为了检查成衣产品的外观色泽在不同标准光源的环境下，都能保持一致或与标准样品相符合，通常要利用分色箱对产品进行比色、配色化验。

如图 7-19 所示，为大型分色箱，灯箱配有日光、紫外光、橱窗光、室外光、柔光等几种不同的光源。操作时,将衣物整齐排放在分色箱中,分别打开不同的光源进行检测。利用灯箱的各种光源,可检测衣物与样品之间是否有同色异谱的色差(即该颜色在同一种光源下为相配,但在另一光源下却有差异)。

图 7-19　大型分色箱

分色箱的光源都来自于各种灯管,所有灯管在使用了较长时间(1500 小时)后,应注意及时更换,以免检测结果受影响。

第三节　成品包装设备

一、概述

为了确保成衣产品能以良好的商品形象运送到客户或消费者手中,同时也为了吸引和激发消费者对服装的兴趣,需要对服装成衣进行成品包装。

服装成品包装的形式通常有袋装、盒装、箱装、挂装和真空包装等。

袋装即用塑料薄膜袋进行包装,具有防污染、防灰尘、占用空间小、价格较低的优点;盒装即用薄纸板盒进行包装,通常与袋装组合使用,具有不易被压变形的优点。

箱装是用瓦楞纸箱或木箱进行包装,通常与袋装、盒装组合使用,主要用于外包装,便于储运。

挂装是将服装以吊挂的形式用塑料袋、编织袋或布袋进行包装,具有能使服装保持良好外观的最大优点。

真空包装通常是在袋装的基础上进行抽真空的压缩包装,具有缩小体积和防皱、防污染的最大优点。

为使包装好的成衣在运输和储藏过程中尽量避免折皱和损伤,并能保持良好的外形,通常应根据不同的服装种类分别采用适宜的包装形式。如衬衫、便裤类通常采用袋装、箱装；西服、套装、大衣类通常采用挂装；针织内衣、连衣裙、丝绸类服装通常采用盒装或挂装；一些卫生保健、医用类专用服装或具有膨松感、体积较大的服装产品通常采用真空包装等。

服装成品包装设备的恰当运用，不仅能有效提高批量包装的质量和统一性，而且十分有利于提高生产效率。

二、成品包装设备及其运用

常见服装专用成品包装设备有自动折衣机、吊牌枪、装袋机、立体包装机、压缩包装机等。

（1）自动折衣机如图 7-20 所示，主要用于衬衫生产流水线的成衣折叠。具有自动衬入纸板功能和可调节的自动衣领定型功能；折衣板的衣领定型模可根据不同款式自由更换；内置式灯管，方便对位；两个折叠器可单方向快速转动，提高折衣效率。

图 7-20　自动折衣机

（2）吊牌枪及其配件如图 7-21 所示，主要用于给折叠好的成衣挂标识牌（商标、厂家、规格、条形码等）。操作时，先将吊牌配件（胶针、双针、挂钩等）装在吊牌枪的相应位置，并将它们对合封住；为避免损坏衣服，通常将吊牌针打在扣眼、缝口之间或缝份上，吊牌和服装之间通过胶针、双针或挂钩连接。

（3）装袋机如图 7-22 所示，主要用于将折叠好并挂了标识牌的成衣平整地装进包装袋。操作时，只需服装放入导轨，按动开关，衣服便沿着导轨被送入包装袋；同时还具有封袋口功能，使包装整齐、美观。

（4）立体包装机如图 7-23 所示，又称为半自动服装立体包装机或挂衣薄膜包装机，主要用于给挂装好的服装套入薄膜包装袋，并自动进行热封口。操作时，只需把挂装好的衣服连

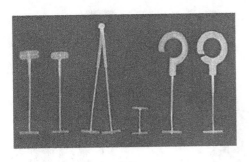

胶针、双针、挂钩

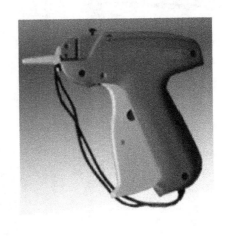

吊牌枪

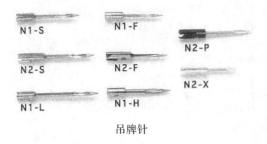

N1-S   N1-F

N2-S   N2-F   N2-P

N2-X

N1-L   N1-H

吊牌针

图 7-21　吊牌枪及其配件

图 7-22　装袋机

同衣架一起挂在机器的衣钩上,按下开关,包装袋就会自上而下套入,并自动热封、切割。

(5)压缩包装机如图 7-24 所示,又称为真空包装机,主要用于羽绒服、床上用品等体积较大物品的压缩包装,使其大大减小包装后的体积,便于储运;同时,由于抽掉了空气和湿气,还能起到很好的防皱和清洁作用。

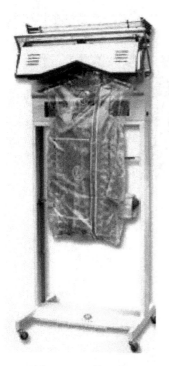

图 7-23　立体包装机

图 7-24　压缩包装机

附录　国标 GB4514—1984《缝纫机产品型号编制规则》（特征代号表摘录）

表 1　线迹、线缝、线缝控制机构、钩线和挑线的特征代号

代号			A	B	B1	C	C1	C2	C3	D	D1	D2	D3	E	E1	E2	F	F1	F2	F3	G	G1	G2	G3	G4	G5	G6	G7
特征	线迹	手缝线迹																										
		锁式线迹	+	+	+	+	+	+	+	+	+	+	+		+	+	+	+			+	+	+	+	+	+	+	+
		单线链式线迹												+					+									
		双线链式线迹																		+								
		多线链式线迹																										
		覆盖链式线迹																										
		包边链式线迹																										
	线缝	直形线缝	+	+	+	+	+	+	+	+											+	+	+	+	+	+	+	+
		Z 字形线缝																				+	+	+	+	+	+	+
		曲形或装饰性线缝																				+	+	+	+	+	+	+
		锁纽扣孔															+	+	+	+								
		钉纽扣												+	+	+												
		加固缝								+	+	+	+															
		暗缝																										
	线缝控制机构	无程序变化	+	+	+	+	+	+	+	+								+										
		机械控制-固定-刺料																				+	+			+		
		机械控制-固定-送料									+	+		+	+	+	+	+	+	+		+						
		机械控制-可换-刺料																						+	+		+	
		机械控制-可换-送料																							+		+	
		电子程序控制													+	+												+
	钩线件类别	摆梭-卧式	+	+						+					+	+												
		摆梭-立式			+																							
		摆梭-倾斜																										
		旋梭-卧式				+	+									+			+		+	+	+	+	+			+
		旋梭-立式						+																				
		旋梭-倾斜							+																			
		钩梭																		+								
		线钩或钩针-摆动(或往复移动)																	+									
		线钩或钩针-旋转												+														
	挑线形式	凸轮挑线	+																									
		连杆挑线		+			+	+	+	+					+	+	+											
		滑杆挑线			+	+					+	+	+	+				+			+	+	+	+	+	+	+	+
		旋转挑线					+	+																				
		针杆挑线												+					+	+								

代号		G8	H	H1	H2	H3	H4	H5	J	K	K1	K2	K3	K4	L	L1	L2	L3	L4	L5	N	N1	N2	N3	T	T1
线迹	手缝线迹																								+	+
	锁式线迹	+	+	+	+	+	+	+										+	+				+	+		
	单线链式线迹								+				+	+		+										
	双线链式线迹									+				+			+	+				+				
	多线链式线迹											+														
	覆盖链式线迹												+													
	包边链式线迹																				+	+	+	+		
线缝	直形线缝	+	+	+	+	+	+	+	+	+	+	+			+	+	+	+	+	+	+	+	+	+	+	+
	Z字形线缝	+	+	+	+	+	+	+					+		+		+		+							+
	曲形或装饰性线缝	+		+	+	+	+	+					+													
	锁纽扣孔																									
	钉纽扣																									
	加固缝																									
	暗缝													+	+	+	+	+	+							
线缝控制机构	无程序变化		+						+	+	+	+	+		+	+	+	+	+	+	+	+	+	+	+	+
机械控制 固定	刺料			+	+																					
机械控制 固定	送料				+																					
机械控制 可换	刺料					+	+						+													
机械控制 可换	送料						+																			
	电子程序控制	+				+																				
钩线件类别 摆梭	卧式		+	+	+	+	+	+															+			
摆梭	立式																									
摆梭	倾斜																									
旋梭	卧式																		+	+			+			
旋梭	立式	+																								
旋梭	倾斜																									
	钩梭									+																
线钩或钩针	摆动(或往复移动)								+		+	+	+	+	+	+	+	+			+	+	+	+		
线钩或钩针	旋转								+																	
挑线形式	凸轮挑线																									
	连杆挑线		+	+	+	+	+	+											+	+			+	+		
	滑杆挑线	+																								
	旋转挑线																									
	针杆挑线								+	+	+	+	+	+	+	+	+	+				+	+			

注　不属于表内所列特征的机头，用字母"Y"有示。

表2　机体形状的特征代号

代　号	机 体 形 状	代　号	机 体 形 状
0	平 板 式	4	立 柱 式
1	平 台 式	5	箱 体 式
2	悬 筒 式	6	可 变 换 式
3	肘 形 筒 式	9	其 他 形 式

表3　送料形式的特征代号

代　号	送 料 形 式	代　号	送 料 形 式	
0	下 送 料	5	针、下综合送料	
1	上 送 料	6	上、针、下综合送料	
2	针 送 料	7	无送料系统	缝料、机头静止
3	上、下综合送料	8		缝料手动
4	上、针综合送料			

参考文献

[1]辉殿臣.服装机械原理.北京:中国纺织出版社,1997

[2]孙金阶.服装机械原理.北京:中国纺织出版社,2000

[3]姜蕾.服装生产工艺与设备.北京:中国纺织出版社,2000

[4]宋哲.服装机械.北京:中国纺织出版社,2000

[5]缪元吉.方芸编著.服装设计与生产.上海:东华大学出版社,2002

[6]扬明才主编.工业缝纫设备手册.南京:江苏科学技术出版社,2001

[7]孙苏榕主编.服装机械原理与设计.上海:中国纺织大学出版社,1994

[8]许树文.服装厂设计.北京:中国纺织出版社,1996

[9]林钦荣编.工业缝纫设备维修实用指南.上海市轻工业科技情报研究所,1997

[10]扬荣贤主编.横机羊毛衫生产工艺设计,北京:中国纺织出版社,1997

[11]邓秀琴.羊毛衫加工原理与实践.北京:中国纺织出版社,1994

[12]陆美琴等.中外缝制设备.北京:2004 年 12 期

[13]中捷缝纫机培训教材.中国,中捷缝纫机股份有限公司

[14]中国缝纫机网　www.sewinginfo.com